**あなたもできる
シミュレーション**

ExcelによるOR演習

藤田勝康 [著]

日科技連

本文中の Windows および Excel は，米国の Microsoft Corporation の米国およびその他の国における登録商標または商標です．また，Lotus 1-2-3 は Lotus Development Corporation の登録商標です．

なお，本文中では，™ および ® は明記しておりません．

は じ め に

本書の目的とねらい

　本書「ExcelによるOR演習」はタイトルにあるように企業経営に関するいろいろな問題を表計算を使って解くことを目的にしています．その理由は，今日ビジネスマンになくてはならない情報ツールになっている表計算（Microsoft Excel）を，「問題解決のための意思決定サポートツール」として使えるようになってもらいたい，という思いからです．残念ながら従来のORに関するテキストは数式が多く非常に難解で，とても普通の学生・社会人が読みこなせる内容ではありませんでした．そこで本書は数式を用いた説明は他書に譲り，表計算を用いてモデル化して解くことを第一に考えています．つまり，Excelを問題を解くにあたっての思考・解析ツールとみなしています．

　想定しているExcelの使用経験は，大学の初級学年でExcel入門を履修した方，つまりExcelの入門書をだいたい終了した方を想定しています．しかしながら，各章末には必ずExcelの説明を入れていますので，Excel初心者でも困らないように配慮しました．本書の内容は大学の3年次の演習で取り上げたものが多く，演習後のレポートには「Excelでこんなことができると思いませんでした」という感想も多く書かれています．本書を読まれた方がこのような気持ちをもっていただくことが，本書の目的です．

本書の構成

第1章：ORとは

　ORの歴史について簡単に触れています．イギリスで生まれアメリカで発展したORの歴史をふり返ります．また，ORと表計算の関係についての筆者の考え方も述べました．

第2章：線形計画法

　線形計画法とはどんな内容なのかを簡単に説明した後，Excelのツールで

ある「ソルバー」を使用して問題を解くためにどのように定式化していくかを中心に説明します．グラフによる解法，連立1次方程式の解法も Excel の関数を利用しています．

第3章：日程計画

日程計画のうちアローダイアグラムを中心に説明しています．ダミーを容易に見つける方法を紹介し，アローダイアグラムを簡単に描くことを目指します．さらに，最早開始時刻，終了時刻，クリティカルパスを求める計算表を Excel で作成する方法を解説します．

第4章：在庫管理

在庫管理の考え方を簡単に説明した後，あるコンビニの在庫管理のやり方をモンテカルロ・シミュレーションで検討しています．現状の方法と4つの提案された方法を比較し，どの方法が最も良い方法であるかを決定します．また，シミュレーションの回数で結果がどのように変化していくかについても考察します．

第5章：待ち行列

銀行や駅で身近に見られるサービスを待っている人たち（待ち行列）の状態，つまり到着とサービスの仕方，をどのようにとらえるかを勉強します．2つのモンテカルロ・シミュレーション（タクシーのシミュレーションと食堂シミュレーション）を実施して，待ち行列の変化の状況を再現し，理解を深めます．

とにかく何でも表計算で解いてみよう，という考えが本テキストの基本です．表計算の可能性はどんどん広がっています．少し前まで専門家しか解けなかった問題も表計算の利用で一般の人々の手の届く所に近づいてきました．試行錯誤で使っていきましょう．良い使い方がきっと見つかるはずです．

最後に，本テキストを執筆するにあたり，表計算へのこだわりを含めわがままを許していただいた日科技連出版社の山口忠夫氏，塩田峰久氏に心より感謝申し上げます．

2002年4月5日

藤 田 勝 康

目　　次

はじめに　（iii）

第 1 章　OR とは ……………………………………………… 1
1.1　OR の歴史　1
1.2　OR の主な手法　2
1.3　OR と表計算　3

第 2 章　線形計画法 …………………………………………… 4
2.1　線形計画法とは　4
2.2　代表的な問題　7
2.3　Excel 計算表およびグラフの作り方　28
　　　演習問題　36

第 3 章　日程計画 ……………………………………………… 38
3.1　日程計画とは　38
3.2　プロジェクトの開始と完了　48
3.3　PERT 計算表の作成　55
3.4　Excel 計算表の作り方　65
　　　演習問題　74

第 4 章　在庫管理 ……………………………………………… 76
4.1　在庫管理とは　76
4.2　シミュレーションによる検討　93
4.3　Excel 計算表の作り方　99
　　　演習問題　115

第 5 章　待ち行列 ……………………………………………… 116
5.1　待ち行列理論とは　116
5.2　待ち行列のシミュレーション　120

5.3　Excel 計算表の作り方　137
演習問題　141

第 6 章　その他の基礎知識 ……………………………… 142
6.1　統計的基礎知識　142
6.2　使用した Excel 関数　149
6.3　ソルバーの使用法　153
6.4　モンテカルロ・シミュレーション　155

演習問題解答 ……………………………………………………158
参考文献 …………………………………………………………168
索引 ………………………………………………………………169

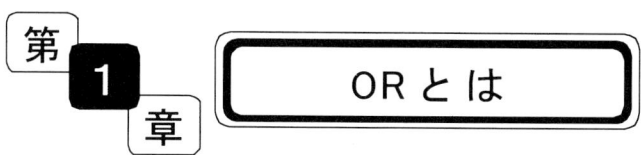

第1章 ORとは

1.1 ORの歴史

　オペレーションズ・リサーチ（OR）は第二次世界大戦の頃イギリスで始まり，戦後アメリカで発展しました．1937年頃開発されたレーダーをどのように実際の防空システムとして導入するかについて，軍人だけでなく科学者の協力を得てシステムを完成させました．このレーダーシステムのおかげでドイツ軍によるロンドンの空襲を防ぐことができたのは有名です．この活動の中心が空軍の研究所所長のロウで，レーダー開発の仕事の内容を軍事面の研究と運用面の研究を区別して，運用面の内容をオペレーショナル・リサーチ（Operational Research）と命名しました．軍人と科学者の協力で成果を上げるとともに軍の中に多くの OR グループが誕生していきます．その中でも物理学者のブラケットの 12 名のチーム（生理学者，数理物理学者，数学者，天体物理学者，物理学者，測量技師から構成）の活躍は目ざましく，彼らの研究により潜水艦の撃沈率は2倍に向上しました．ブラケットのチームは「ブラケット・サーカス」と呼ばれたほどです．ブラケットは後にノーベル物理学賞を受賞しました．

　アメリカでは，1940 年にイギリスからの使節団が訪問した時にレーダーなどの技術と共に OR の考え方も伝えられ，陸・海軍の中に OR グループが誕生します．アメリカでの名称は名詞を並べて「オペレーションズ・リサーチ」となりました．OR グループの中で有名なのが MIT（マサチューセッツ工科大学）の物理学の教授であるモー

スを中心とする 7 人のチームです.チームの研究テーマの中には,「特攻機に対する戦艦の回避運動と命中率の関係」というのもあったそうです.戦争中に作戦(オペレーション)遂行に協力した 1500 名もの科学者は,戦後大学や企業の研究所に復帰し,OR を科学として発展させました.

日本での OR は 1951 年に日本科学技術連盟内に OR 研究会が設けられ本格的にスタートし,1957 年には日本オペレーションズ・リサーチ学会が発足しました.以後,物流の OR,金融の OR,まちづくりの OR,医療の OR 等いろいろなテーマを研究しています.創立 40 周年を迎え新たな長期計画に取り組んでいます.

1.2 OR の主な手法

OR ではこれまでにいろいろな手法が開発されていますが,本書で取り上げた内容を表 1.1 に示します.内容があまり難しくなく,そして身近な問題に応用できて,しかも表計算で扱うのに適している点を考慮して選択しました.

表 1.1 本書で取り上げた OR の手法

線形計画法	生産計画を作成する際,資源の制約のもとでどのように目的(利益)を最大にするかを考えます.制約条件,目的関数ともに1次式で表わします.
日程計画	あるプロジェクトに関して,作業の前後関係を考慮しながら適正な日程計画を作成する方法です.工場,施設の建設から,業務プロセスの改善のスケジュール管理にも適用されています.
在庫管理	商品の発注時期,発注量,発注間隔に関して需要と費用とのバランスをどのように取るかを検討します.在庫品の保管費用,発注費用および品切費用を把握する必要があります.
待ち行列理論	コンビニや銀行などのサービスの窓口にできる待ち行列を解析し,サービスを提供するコスト,客の待ち時間を小さくするように,サービス内容や窓口の数を決定します.

この他の代表的な手法としては,動的計画法,ゲームの理論,需要予測,探索理論などがあげられますが,少し難しい部分も多いので,本書では見送りました.表計算で適用できるような適当な例題をさぐっていきたいと考えています.

1.3　OR と表計算

　ORの手法の開発と共にいろいろな解き方やそのためのソフトウェアが作られてきました．筆者も1985年New York大学のビジネススクールで勉強していた際，線形計画法を解く有名なLINDOというソフトウェアを体験しました．教科書もLINDOを使うことを前提に書かれていました．しかし，このLINDOは一般の人々が気軽に使用できるものではなく，やはりビジネススクールの学生のように専門的に勉強する人達向けのものでした．しかし，ちょうどその2,3年前に開発された表計算(当時はLotus 1-2-3)に出会った感激はいまでも忘れられません．こんな素晴らしいソフトウェアを考える人がいるんだと感心しました．しかも，当時すでにこれからのビジネスマンは表計算をマスターしなくてはいけないと認識していたアメリカの先見性と進取の精神．

　しかし，日本でも皆さんもお使いのように，今では表計算(現在はMicrosoft Excel)は学生からビジネスマンまで必須のソフトウェア，すなわち情報リテラシーのひとつになったと考えてよいと思います．本書では，ほとんどすべての例題を表計算で解くことを前提にしています．まだまだ改善の余地があるものばかりですが，みなさんと一緒に使い込んで改良していきたいと思っています．

第2章 線形計画法

2.1 線形計画法とは

　経営に関する問題では，与えられた資源などによる制約条件のもとで，目標となる利益を最大にしたり，またコストを最小にするように意思決定をする場合が多くみられます．この制約条件や目標が簡単な1次式(線形式)で表されるケースを線形計画法(Linear Programming: LP)と呼びます．線形計画法はORの手法の中でも代表的なものです．その理由は問題を設定するときに条件や目標を分かりやすい1次式で表現することにあります．1次式は中学校で習った内容ですからなじみが深く誰でも式で表すことが可能です．また，シンプレックス法(単体法)という有名な解決手法が発見され，これを使用するためのソフトウェアも多く開発されていることも理由のひとつです．

　しかし，シンプレックス法は，手計算で解く場合は行列を利用した複雑な計算が必要ですし，またソフトウェアを利用する場合も自分でプログラムを作成する場合も一般の人々が手軽にできるものではありません．つまり，1次式で簡単に問題設定はできても解は求められない，求めるためには専門家が必要，という状況が一般的です．これがソルバーの登場で一変しつつあります．我々はソルバーで解けるように問題を設定し，ソルバーを使って最適な解を簡単に求めることができます．さらに解が得られた後，解が適当であるか，適当でないとしたら何が問題か，問題設定に無理があるか，1次式では不可

能なのかなど本来最も重要なことを検討できることになります．やっと問題解決ツールが身近になってきました．ただ，ソルバーを利用するためには，Excelの知識と経験が少し必要です．でも"何事も習うより慣れろ"の精神で積極的にトライしましょう．

(1) 問題の定式化と解法

問題を線形計画法で解くためには，1)問題の定式化，2)問題の解法という2つのステップを踏みます．1)の問題の定式化のためにはa)目的関数とb)制約条件を1次式で表す必要があります．また，2)の問題の解法はa)図式解法とb)数値解法の2つのアプローチがあります．先ほど述べたように，数値解法については従来からのシンプレックス法に替わってソルバーを使用します．

1) 問題の定式化

- 目的関数： 求めようとしている数量を表す変数を1次式で表します．多くは利益やコストの合計です．利益は最大になるように，コストは最小になるように変数を求めます．
- 制約条件： 求める変数の取りうる範囲を等式または不等式で表します．物を生産するときの人員・資材など資源の使用限度量がこれに当ります．また，低コストの物を調達するときの最低の仕様条件も当てはまります．

2) 問題の解法

- 図式解法： 求めようとする変数が2個の場合は制約条件，目的関数をグラフで表すことができます．グラフから直接解が求まるわけではありませんが，グラフ上で制約条件と目的関数の相互の位置関係を把握することによって，問題に対する理解が深まります．また，解を求めるためには連立1次方程式を解く必要がありますが，本書ではExcelの行列関数を利用する方法を採用しています．
- 数値解法： ソルバーで解くために目的関数，制約条件を書き直します．Excelで数式を扱うことになりますが，

定式化で使用した式に少し手を加えたものですので，慣れればすぐできるようになります．

(2) 定式化の例

次の例で定式化を考えてみましょう．

定式化の例題

　HITプロダクツ(株)ではみやげ物用の製品を2種類製造・販売しています．製品Aを1個作るには機械加工時間が45分，手作業が30分，包装が15分かかります．また，製品Bは機械加工時間が100分，手作業が60分，包装が30分必要です．ただし，1ヵ月の稼働時間は機械加工が160時間(9600分)，手作業が100時間(6000分)，包装が60時間(3600分)以内とします．製品A，Bを1個販売するとそれぞれ2500円，5000円の利益があるとき，稼働時間内で最も利益があるように製造するには製品A，Bを何個生産したらよいでしょうか．

1) 目的関数の作成

　製品Aの生産量をx個，製品Bの生産量をy個とします．目的関数は利益の合計（Pとします）ですから，製品Aをx個販売するときの利益は$2500x$，製品Bをy個販売するときの利益は$5000y$と表されますので，

$$P = 2500x + 5000y$$

　これが目的関数となります．

2) 制約条件の設定

　制約条件は3つあります．まず，機械加工時間から始めます．製品Aをx個作るときの時間は1個が45分ですから$45x$分，同様に製品Bをy個作る時間は$100y$分です．1ヵ月の機械加工時間は9600分以内ですので，不等号($\leqq$)を用いて，

　　　　機械加工時間の制約条件：$45x + 100y \leqq 9600$

となります．

　同じように，手作業の時間，包装の時間の条件は，

手作業時間の制約条件： 　30x+60y≦6000
　　　包装時間の制約条件： 　　15x+30y≦3600

という式で表されます．

　さらに，生産量 x, y は負にはなりませんので，x≧0, y≧0 も付け加えます．この条件は当たり前のことですが，この条件がないとソルバーで解けない場合があります．

　以上で定式化は終わりです．まとめて書いておきましょう．

制約条件：

$$\begin{cases} 45x + 100y \leq 9600 \\ 30x + 60y \leq 6000 \\ 15x + 30y \leq 3600 \end{cases}$$
$$x \geq 0, \quad y \geq 0$$

目的関数：

$$P = 2500x + 5000y \rightarrow \text{最大}$$

となります．

　これで，3つの制約条件を満足し，さらに目的関数(利益)が最大となる生産量 x と y を決定するための定式化が終了しました．

2.2　代表的な問題

(1) 最大化問題

　生産計画を立てるとき，使用する設備・資源などの制約条件の下で利益や稼働率が最大となるように生産量を決定する問題です．

例題 1 生産の問題

　HIT ボトリング㈱では 2 種類の清涼飲料，ヘルシーX とエナジーY を製造販売しています．これらの製品を製造するには 3 種類の原料 A, B, C を調合し注入しなくてはなりません．X を 1kg 作るには原料 A を 0.2kg, B を 0.3kg,

Cを0.1kg使用します.また,Yを1kg作るには原料Aを0.3kg,原料Bを0.1kg,Cを0.4kg使用します.しかし,1日に入荷する原料A,B,Cはそれぞれ27kg,20kg,30kgまでに制限されています.製品XとYの1kg当りの利益はそれぞれ90円,100円であるとき,最も多く利益を上げるためには製品Xと製品Yを何kgずつ製造したらよいでしょうか.

1) 問題の定式化

初めにこの例題を表にまとめてみましょう.表2.1を見れば製品1kg当りの必要な原料,1日の入荷量,さらに1kg当りの利益が一目で分かりますね.

表 2.1 必要な原料と入荷量

		製品		1日の入荷量
		ヘルシーX	エナジーY	
原料	A	0.2	0.3	27
	B	0.3	0.1	20
	C	0.1	0.4	30
利益(円)		90	100	単位(kg)

次に,この問題を定式化してみましょう.まず,ヘルシーXの1日の生産量をx,エナジーYの生産量をyとします.1日の入荷量の制約条件から始めます.原料Aの使用量は $0.2x + 0.3y$ になりますね.1日の入荷量は27kg以下ですから,これを不等号($\leq$)を用いて表すと,

$$0.2x + 0.3y \leq 27$$

となります.同じように,原料B,原料Cも不等号を用いて表し,まとめて書くと,以下のようになります.これらの3つの不等式が制約条件です.

$$\text{原料 A}: \quad 0.2x + 0.3y \leq 27$$
$$\text{原料 B}: \quad 0.3x + 0.1y \leq 20$$
$$\text{原料 C}: \quad 0.1x + 0.4y \leq 30$$

次に,目的関数を考えましょう.例題1では,2つの製品の利益が最大になるように生産量xとyを決めることが目的ですから,ヘルシーXの1kg当りの利益が90円,エナジーYの利益が100円の合計が全体の利益になります.利益(Profit)の合計をPとすると,

$$\text{目的関数}: \quad P = 90x + 100y$$

と表されます.Pを最大にするxとyを決定します.さらに,xとyは生産量ですからマイナスにはなりませんので,x≧0, y≧0も付け加えておきます.

これで定式化のステップは終わりです.式に番号を付けてまとめて書いておきましょう.

制約条件:

$$\begin{cases} 0.2x + 0.3y \leq 27 & (2.1) \\ 0.3x + 0.1y \leq 20 & (2.2) \\ 0.1x + 0.4y \leq 30 & (2.3) \end{cases}$$

$$x \geq 0, \quad y \geq 0$$

目的関数:

$$P = 90x + 100y \qquad (2.4)$$

2) 問題のグラフ化

この問題を解く前に,3つの制約条件をグラフに表してみましょう.制約条件は不等号で表されていますから,等号(=)に直して図示します.Excelで描いてみたのが図2.1です.

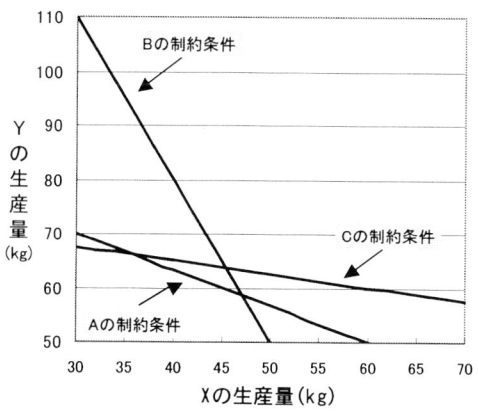

図 2.1 制約条件のグラフ

図 2.1 で考えてみましょう．3 つの制約条件はいずれも 1 日に入荷する最大量です．しかも，3 つの条件をすべて満足していなくてはいけませんから，図 2.2 のように条件式の下の領域になります．

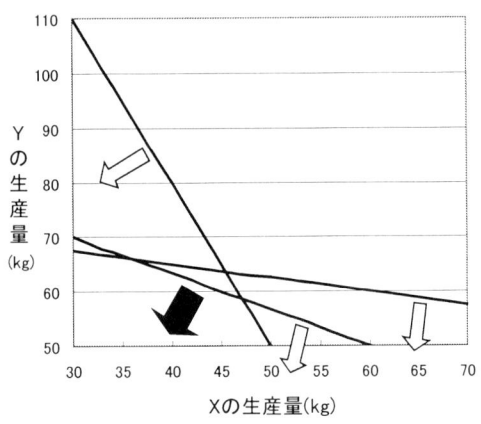

図 2.2　条件を満たす方向

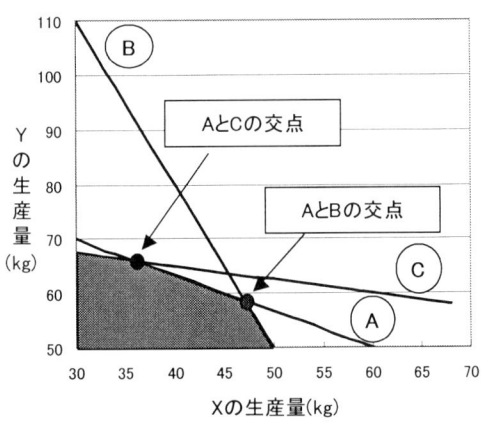

図 2.3　3 つの条件を満たす領域

図 2.3 で示したように 3 つの条件をすべて満たす領域はグレーで塗りつぶした多角形の領域です．この領域の中で利益が最大になる点，つまり求めたい生産量は，多角形の頂点になることが分かっています．

2.2 代表的な問題

次に，目的関数も図示してみましょう．

P=90x+100y が目的関数の式ですから，利益 P の値を指定しなくてはいけません．例えば P=13000 とした場合の式は 90x+100y=13000 となり，図 2.4 の点線のようになります．これを原点に向かって平行移動してきて制約条件の交点①または交点②と交わった点が求める生産量の候補となります．

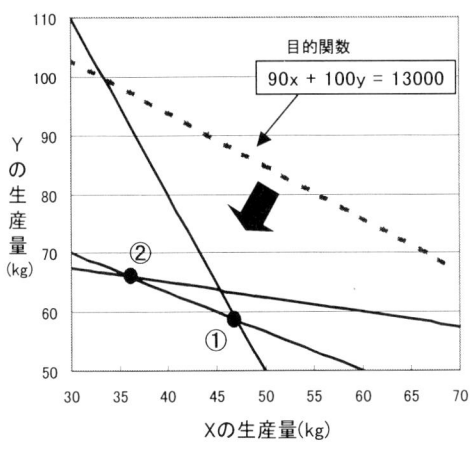

図 2.4 　目的関数の図示

それでは交点①つまり，制約条件 A と制約条件 B の交点の座標を求めてみましょう．この点は2つの制約条件式を等号に変えた次の連立方程式の解を求めることによって得られます．

$$0.2x + 0.3y = 27 \tag{2.5}$$
$$0.3x + 0.1y = 20 \tag{2.6}$$

連立方程式の解は

$$x = 47.14 \quad y = 58.57$$

として得られます．

（Excel で連立方程式の解を求めるには行列計算を使用しました．説明は 2.3 節(2)項を参照してください．）

このときの利益を求めてみましょう．利益 P は，

$$P = 90x + 100y = 90 \times 47.14 + 100 \times 58.57$$
$$\fallingdotseq 10,100 \ (円)$$

となります．

一方，交点②は次の連立方程式を満たす x, y です．

$$0.2x + 0.3y = 27 \qquad (2.7)$$
$$0.1x + 0.4y = 30 \qquad (2.8)$$

連立方程式の解は，

$$x = 36 \quad y = 66$$

として得られます．さらに利益は，

$$P = 90x + 100y = 90 \times 36 + 100 \times 66$$
$$= 9,840 \ (円)$$

となります．

2 つの解を比較してみましょう．交点①の利益 P は 10,100 円，交点②の利益 P は 9,840 円ですから，交点①のほうが利益が高いですね．

ところで，制約条件は満たしているでしょうか？

グラフ上では満たしているようですが，きちんと計算してみましょう．計算の結果を表 2.2，表 2.3 にまとめてみました．

表 2.2　交点①での使用量

	x	y	合計	制約条件	残り
A	9.4	17.6	27	27	0
B	14.1	5.9	20	20	0
C	4.7	23.4	28.1	30	1.9

交点①では，原料 A と B は制約条件の限度いっぱい使用しています．交点上での値ですから当たり前ですね．原料 C は 1.9kg まだ余裕があります．

表 2.3 交点②での使用量

	x	y	合計	制約条件	残り
A	7.2	19.8	27.0	27	0
B	10.8	6.6	17.4	20	2.6
C	3.6	26.4	30.0	30	0

　交点②ではどうでしょうか．この点でも原料 A と C は使い切っていますが，原料 B は 2.6kg 余っています．いずれにしてもこれらの 2 つの交点①，②は制約条件を満たしていることが分かりました．

　ここまでの考察で，最適な条件，つまり制約条件を満足していながら利益が最大になる点は，交点①で得られることが明らかになりました．

　結果をまとめて書いておきます．

　　最適な生産量：　　製品 x＝47.14kg，製品 y＝58.57kg
　　最大利益：　　　　10,100 円

　次に，この結果を別の方法で確かめてみましょう．

3) ソルバーによる解法

　多くのテキストでは例題のような線形計画法の問題を解くのにはシンプレックス法を用いています．しかし，この方法は行列の計算が必要ですので，数学からしばらく遠ざかっている人には少しハードルが高すぎます．Excel にはこれに代わるすばらしいツール(ソルバー)が用意されています．

　それでは，ソルバーを使って解いていきましょう．

　まず，生産に必要な原料の使用量と利益を入力します(表 2.4)．次に，ソルバーで解けるようにセルを追加し定式化します．必要なセルは，

● **制約条件のセル：→　数値を入力（セル範囲　F7:F9)**

　　　F7 セルの内容： 27
　　　F8 セルの内容： 20
　　　F9 セルの内容： 30

● **変化させるセル：→ X と Y の生産量のセル（C11 セルと D11 セル）**

　　　C11 セルの内容： 1

D11セルの内容： 1

仮に2つのセルに共に1を入力しておきます．ソルバーがいろいろ値を変化させて最適な条件を見つけるためのセルです．

●使用量のセル：→ 数式を入力するセル（セル範囲 E7:E9）

E7セルでは，原料Aの使用量を計算します．生産量は仮に X=1, Y=1 とすると，このとき使用量は，$0.2*1 + 0.3*1 = 0.5$ となります．

これをセル番地を用いた数式に直しますので，E7セルの内容は，

　　　E7セルの内容：　　=C7*C11 + D7*D11

となります．同様に，E8とE9も以下の式になります．

　　　E8セルの内容：　　=C8*C11 + D8*D11

　　　E9セルの内容：　　=C9*C11 + D9*D11

●目的セル：→ 利益の合計を計算するセル（E13セル）

　　　E13セルの内容：　　=C10*C11 + D10*D11

これらをまとめて入力したのが次のワークシートです．

表2.4　ソルバー用の条件表（例題1）

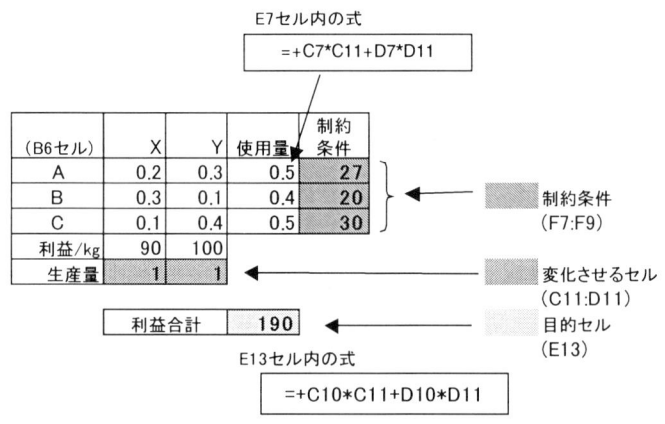

このようなワークシートを作成した後，ソルバーを使用します．

ソルバーを図2.5のように設定し，実行ボタンを押すと，最適解が見つかります．

2.2 代表的な問題

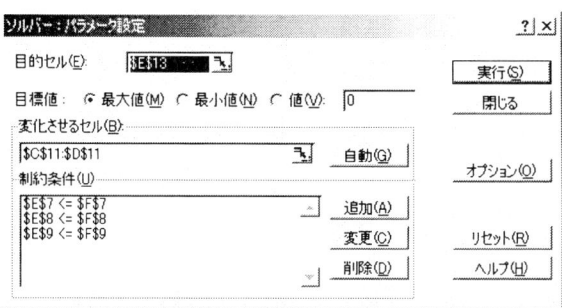

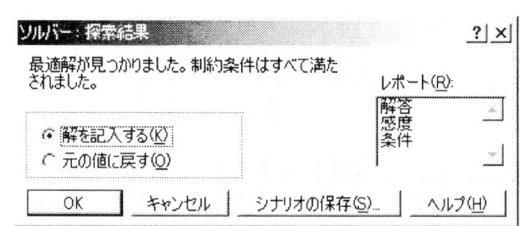

図 2.5 ソルバーの設定画面と結果画面（例題 1）

この解をセルに記入します（表 2.5）.

表 2.5 ソルバーによる最適解（例題 1）

(B6セル)	X	Y	使用量	制約条件
A	0.2	0.3	27.0	27
B	0.3	0.1	20.0	20
C	0.1	0.4	28.1	30
利益	90	100		
最適製造	47.14	58.57		

利益	10100

ソルバーでも先ほどと同じ最適解が得られました.

つまり，利益が最大となる生産量は，

　　ヘルシーX：　47.14 kg
　　ネナジーY：　58.57 kg

このときの利益は，

　　最大利益：　10,100 円

となります.

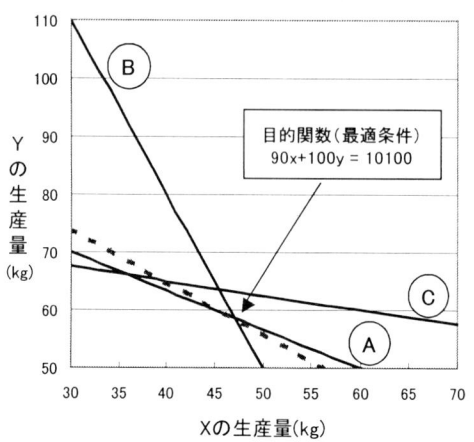

図 2.6　最適条件の図示

最適条件を満たす目的関数も図示しておきましょう(図 2.6).

いかがでしょうか.この例題は製品が2つでしたので,手計算でも解けましたし,図示も可能でした.これに製品が1つと条件が1つ増えたらどうでしょう.ほとんど手計算ではお手上げです.このときソルバーの威力を実感します.

例題 2　新製品の追加

HIT ボトリング㈱では,ヘルシーX とエナジーY に加えて 2 つの新製品(U プラスとV サイン)を販売することになりました.これに伴い現状の原料の配合も変更されるとともに新しい原料である D と E も追加されました.新製品 U プラス,V サインを販売するとそれぞれ 1kg 当り 120 円,130 円の利益があります.これらを表 2.6 にまとめました.4 製品を 5 つの制約条件のもとで生産するとき,利益を最大にするような生産量を求めなさい.

表 2.6　新製品の条件表

		製品				1日の入荷量
		ヘルシーX	エナジーY	Uプラス	Vサイン	
原料	A	0.2	0.3	0.2	0.1	30
	B	0.3	0.1	0.2	0	25
	C	0.1	0.4	0	0.1	30
	D	0.1	0	0.3	0	20
	E	0	0.1	0	0.3	20
利益(円)		90	100	120	130	単位(kg)

2.2 代表的な問題

さっそくこの例題を定式化してみましょう.

制約条件：
$$\begin{cases} 0.2\mathrm{x} + 0.3\mathrm{y} + 0.2\mathrm{u} + 0.1\mathrm{v} \leqq 30 & (2.9) \\ 0.3\mathrm{x} + 0.1\mathrm{y} + 0.2\mathrm{u} + 0.0\mathrm{v} \leqq 25 & (2.10) \\ 0.1\mathrm{x} + 0.4\mathrm{y} + 0.0\mathrm{u} + 0.1\mathrm{v} \leqq 30 & (2.11) \\ 0.1\mathrm{x} + 0.0\mathrm{y} + 0.3\mathrm{u} + 0.0\mathrm{v} \leqq 20 & (2.12) \\ 0.0\mathrm{x} + 0.1\mathrm{y} + 0.0\mathrm{u} + 0.3\mathrm{v} \leqq 20 & (2.13) \end{cases}$$

$$\mathrm{x} \geqq 0, \ \mathrm{y} \geqq 0, \ \mathrm{u} \geqq 0, \ \mathrm{v} \geqq 0$$

目的関数： $P = 90\mathrm{x} + 100\mathrm{y} + 120\mathrm{u} + 130\mathrm{v}$ (2.14)

この計算は 4 つの決定変数がありますので，グラフによる方法はできません．また，連立方程式による解法も簡単ではありません．

ソルバーを使用してみましょう．

先ほど使用したソルバーのワークシートに新製品と新原料を加え変更します．作り方は基本的に同じですから変更も簡単ですね．変更後のワークシートは表 2.7 のようになります．

表 2.7 ソルバー用の条件表（例題 2）

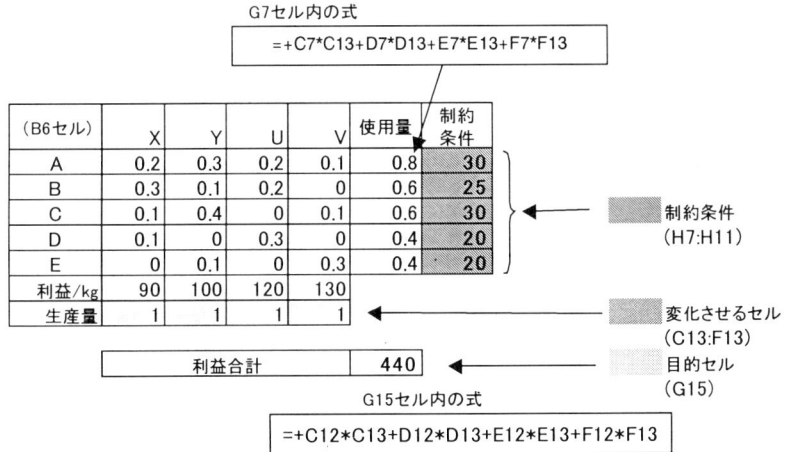

ソルバーの設定画面も変更し,実行ボタンを押し解を求めます(図 2.7).

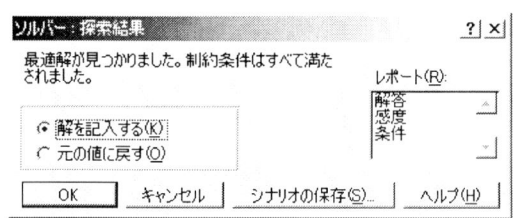

図 2.7 ソルバーの設定画面と結果画面(例題 2)

最適解を記入すると表 2.8 のようになります.

表 2.8 ソルバーによる最適解(例題 2)

(B6セル)	X	Y	U	V	使用量	制約条件
A	0.2	0.3	0.2	0.1	30	30
B	0.3	0.1	0.2	0	25	25
C	0.1	0.4	0	0.1	16.82	30
D	0.1	0	0.3	0	20	20
E	0	0.1	0	0.3	20	20
利益/kg	90	100	120	130		
生産量	43.18	15.91	52.27	61.36		

利益合計	19727

ソルバーを利用して,利益が最大になる生産量は,

　　　ヘルシーX 　: 43.18　　エナジーY 　: 15.91
　　　Uプラス　　 : 52.27　　Vサイン　　 : 61.36
　　　利益の合計は,　 P = 19,727 円

と求まりました.

とても簡単に解けて、ソルバーの威力を実感したのではないでしょうか。これからもソルバーを積極的に使っていきましょう。

(2) 最小化問題

次はある条件を満たした上でコストが最低の品物を購入するというような最小化問題を取り上げます。

例題 3 栄養の摂取

例題1で取り上げた2つの清涼飲料ヘルシーXとエナジーYには1リットル当り3種類の栄養成分(ビタミンC, 食物繊維, カルシウム)が表2.9のように含まれています。学生のH君は1日にビタミンCを1000mg, 食物繊維を4g, カルシウムを70mg以上ドリンクから取りたいと思っています。ヘルシーXとエナジーYの1リットル当りの価格がそれぞれ240円と260円のとき、一番安く必要な栄養成分を取るにはヘルシーXとエナジーYをそれぞれ何リットルずつ取ればよいでしょうか。

表 2.9 栄養分の含有量

	ヘルシーX	エナジーY	必要量
ビタミンC(mg)	300	400	1000
食物繊維(g)	3	1	4
カルシウム(mg)	30	20	70

1) 問題の定式化

最大化問題と同じように定式化してみましょう。

制約条件で注意するのは、制約条件は最低の摂取量なので不等号は $\geqq$ を用います。

ヘルシーXの量を x, エナジーYの量を y とすると、制約条件は次のように表されます。

$$\begin{cases} 300x + 400y \geqq 1000 & (2.15) \\ 3x + y \geqq 4 & (2.16) \\ 30x + 20y \geqq 70 & (2.17) \end{cases}$$

$$P = 240x + 260y \qquad (2.18)$$

目的関数は，合計の価格ですから，式(2.18)を最小にする x, y を求める問題になります．

2) グラフによる解法

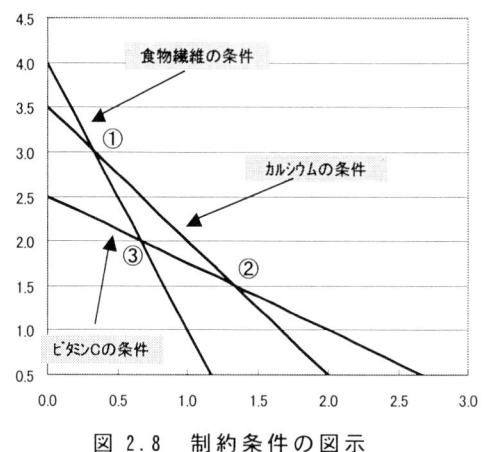

図 2.8　制約条件の図示

まず，制約条件のグラフを描いてみましょう．図2.8のようになりますね．

さらに目的関数も加えたのが図2.9です．これらの2つの図から制約条件を満たし，価格が最低の組合せは，交点①(食物繊維の条件とカルシウムの条件の交点)または交点②(ビタミンCの条件とカルシウムの条件の交点)のどちらかになることが分かります．しかし，どちらの交点の価格がより低いか

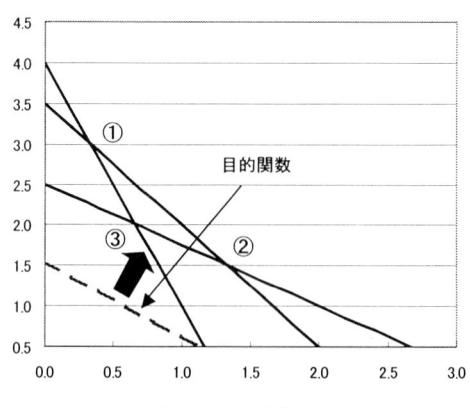

図 2.9　目的関数の表示

は2つの図からは判定が困難ですね.

3) 交点の座標の計算

交点①と交点②の座標を求め，両点における価格を比較します.

まず交点①の座標を行列計算によって求めてみましょう．交点①は食物繊維の条件とカルシウムの条件が交わった点ですから，解を求めるための連立方程式は，

$$\begin{cases} 3x + y = 4 \\ 30x + 20y = 70 \end{cases}$$

です．行列で表すと，

$$\begin{pmatrix} x \\ y \end{pmatrix} = \begin{pmatrix} 4 \\ 70 \end{pmatrix}$$

さらに，$M = \begin{pmatrix} 3 & 1 \\ 30 & 20 \end{pmatrix}$, $X = \begin{pmatrix} x \\ y \end{pmatrix}$, $N = \begin{pmatrix} 4 \\ 70 \end{pmatrix}$ と置き換えると，

$$MX = N$$

となりますね.

これをExcelの行列関数を利用すると，Mの逆行列 M^{-1} は，

$$M^{-1} = \begin{pmatrix} 0.667 & -0.033 \\ -1.0 & 0.1 \end{pmatrix}$$

と計算され，解は，

$$X = M^{-1}N = \begin{pmatrix} 0.667 & -0.033 \\ -1.0 & 0.1 \end{pmatrix} \begin{pmatrix} 4 \\ 70 \end{pmatrix} = \begin{pmatrix} 0.333 \\ 3.0 \end{pmatrix}$$

と求まります.

つまり，交点①はヘルシーXは **0.333** リットル，エナジーYは **3.0** リットルとなります.

また，この点における価格は

$$P = 240x + 260y = 240*0.333 + 260*3.00 ≒ 860 \text{ 円}$$

と計算されます．

次に交点②を同じように求めます．

交点②はビタミンCの条件とカルシウムの条件が交わった点ですから，解を求めるための連立方程式は，

$$\begin{cases} 30x + 20y = 70 \\ 300x + 400y = 1000 \end{cases}$$

です．行列式で表すと，

$$\begin{pmatrix} 30 & 20 \\ 300 & 400 \end{pmatrix} (x, y) = (70, 1000)$$

さらに，$M = \begin{pmatrix} 30 & 20 \\ 300 & 400 \end{pmatrix}$，$X = (x, y)$，$N = (70, 1000)$ と置き換えると，

$$MX = N$$

となりますね．

これを Excel の行列計算を利用すると，M の逆行列 M^{-1} は，

$$M^{-1} = \begin{pmatrix} 0.067 & -0.003 \\ -0.05 & 0.005 \end{pmatrix}$$

と計算され，解は，

$$X = M^{-1}N = \begin{pmatrix} 0.067 & -0.003 \\ -0.05 & 0.005 \end{pmatrix} (70, 1000)$$

$$= (1.333 \ 1.5)$$

として求まります．

つまり，交点②はヘルシーX が 1.333 リットル，エナジーY が 1.5 リットルとなります．

また，この点における価格は

$$P = 240x + 260y = 240 * 1.333 + 260 * 1.5 ≒ 710 \text{ 円}$$

と計算されます．

2つの価格を比較すると，交点①が 860 円，交点②が 710 円ですから，交

2.2 代表的な問題   23

点②の方が安く,最適な価格となりそうですね.

これをソルバーで解いて検証してみましょう.

4) ソルバーによる解法

ソルバーで解くために制約条件のセル,変化させるセル,目的関数のセルをExcelの表にまとめてみましょう(表2.10).セル内に記述する数式は例題1と全く同じになります.もう3回目なのでだいぶ慣れてきましたね.

表2.10 ソルバー用の条件表(例題3)

(B6セル)	x	y	使用	制約条件
ビタミンC(mg)	300	400	700	1000
食物繊維(g)	3	1	4	5
カルシウム(mg)	30	20	50	70
価格	240	260		
摂取量	1	1		

価格	500

セル内の式: =+C7*C11+D7*D11

制約条件 (F7:F9)
変化させるセル (C11:D11)
目的セル (E13)

E13セル内の式: =+C11*C10+D11*D10

ソルバーを起動して,次のようにパラメータを設定します(図2.10).

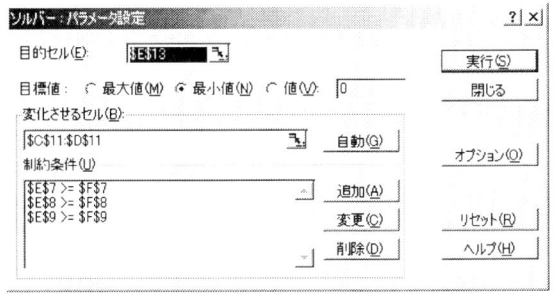

図2.10 ソルバーの設定画面(例題3)

目標値を最小値に設定し,さらに制約条件の不等号を≧に変えます.

実行ボタンを押すと表2.11のような最適解が得られます.

表 2.11 ソルバーによる最適解（例題3）

(B6セル)	x	y	使用	制約条件
ビタミンC(mg)	300	400	1000	1000
食物繊維(g)	3	1	5.5	5
カルシウム(mg)	30	20	70	70
価格	240	260		
摂取量(l)	1.333	1.5		

価格	710

ソルバーで得られた最適解は，

$$x = 1.333 \quad y = 1.5 \text{（リットル）}$$

価格は，

$$P = 710 \text{ 円}$$

となりました．これらは連立方程式で解いた前節の値と一致しました．

H君は1リットルのペットボトルを2本ずつ買ってきて，だいたい1本半飲めば必要な栄養分が取れることになりますね．

このように身近な問題も Excel の関数やツールを使用すると簡単に最適な解が求まります．最適な解が求まったとしてもこれをそのまま使うことにはならないと思いますが，最適な解が頭に入っているのといないのでは，次に取る行動や意思決定が違ってくるのではないでしょうか．

（3） 輸送の問題

次は生産地から消費地に生産物を輸送する場合に輸送費を低く抑えながら需要と供給を一致させるにはどのようにしたらよいか，というタイプの問題を扱います．

例題4 昼食の輸送

HITフーズ㈱には，昼食用の弁当を製造する工場が2つ(AとB)あり，毎日互いに離れた3つの食堂(L1, L2, L3)に輸送しています．輸送量は前日に注文を取り，その注文量に合った量だけを各工場へ輸送しています．工場から食堂への輸送量は工場からの輸送費を最小にするように決めたいと思います．各工場の生産量はA工場60個，B工場40個までと決まってい

ますので，各食堂の注文の合計は 100 個までです．ある 1 日の 3 つの食堂の注文量は，L1 食堂 20，L2 食堂 30，L3 食堂 50 でした．弁当 1 個当りの輸送費が表 2.12 のように与えられているとき，輸送費が最小になるように 2 つの工場から 3 つの食堂への輸送量を決定してください．

表 2.12 工場からの輸送費

工場＼食堂	L1	L2	L3
A	30	50	40
B	60	30	50

1） 問題の定式化

最初に輸送量を表す変数を決めます．A 工場から L1，L2，L3 食堂への輸送量を $x1, x2, x3$，B 工場からの輸送量を $x4, x5, x6$ とします．

この問題の制約条件を式に表すには，工場からの輸送と食堂での受入れに分けて考えます．まず，工場からの輸送ですが，A 工場からの輸送量の合計は 60，B 工場からの合計は 40 ですから，

$$x1 + x2 + x3 = 60$$
$$x4 + x5 + x6 = 40$$

となります．

次に，食堂の受入れは，注文量がそれぞれ L1 が 20，L2 が 30，L3 が 50 ですから，

$$x1 + x4 = 20$$
$$x2 + x5 = 30$$
$$x3 + x6 = 50$$

と表されます．

条件式をまとめて書くと次のようになります．

$$\begin{cases} x1 + x2 + x3 = 60 & (2.19) \\ x4 + x5 + x6 = 40 & (2.20) \\ x1 + x4 = 20 & (2.21) \\ x2 + x5 = 30 & (2.22) \\ x3 + x6 = 50 & (2.23) \end{cases}$$

目的関数は輸送費の合計ですから,表 2.12 の輸送費の表を参照して,

$$P = 30x_1+50x_2+40x_3+60x_4+30x_5+50x_6$$

となります.この P が最小になるように輸送量 x_1～x_6 を決めなくてはいけません.この問題は決定変数が 6 個,条件式が 5 つありますので複雑ですね.

初めからソルバーで解いてみましょう.

2) ソルバーによる解法

ソルバーで解けるように問題を Excel の表にまとめてみましょう(表 2.13).この表の構成は今までのソルバー用の表とは少し違います.

表 2.13 ソルバー用の条件表(例題 4)

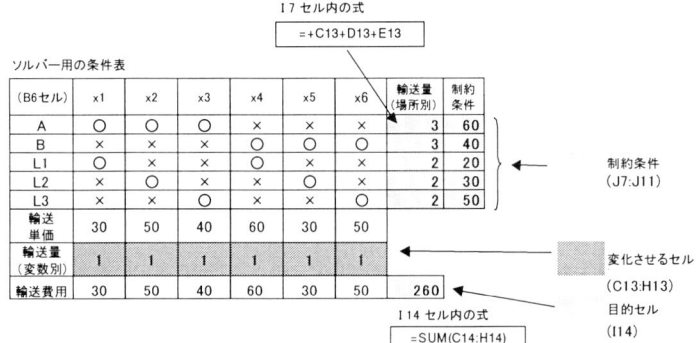

表中の○と×の意味を説明します.A 工場の行の 3 つの○印は A 工場からの輸送には変数 x_1, x_2, x_3 を使用することを表しています.同様に,B 工場の 3 つの○印は B 工場からの輸送には変数 x_4, x_5, x_6 を使用します.つまり,○印は工場の輸送と食堂の受入れに使用する変数を表しています.

また,場所別の輸送量のセルに入る式は,

   A 工場　　:　= C13+D13+E13
   B 工場　　:　= F13+G13+H13
   L1 食堂　　:　= C13+F13
   L2 食堂　　:　= D13+G13
   L3 食堂　　:　= E13+H13

2.2 代表的な問題

となり,対応する変数別輸送量の合計となります.

変数別の6つの輸送量はソルバーで使用する「変化させるセル」の範囲となり,上の表では仮に1と入力されています.

輸送費用の行(セル範囲は C14:H14)は,輸送単価×輸送量で計算され,目的セル(I14 セル)は輸送費用の合計です.

ソルバーを起動してパラメータを図 2.11 のように設定します.

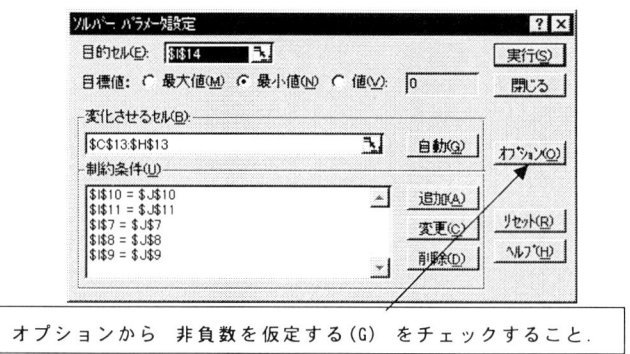

図 2.11 ソルバーの設定画面と結果画面(例題4)

実行ボタンを押すと,最適解が次のように求まります(表 2.14).

表 2.14 ソルバーによる最適解(例題4)

(B6セル)	x1	x2	x3	x4	x5	x6	輸送量 (場所別)	制約 条件
A	○	○	○	×	×	×	60	60
B	×	×	×	○	○	○	40	40
L1	○	×	×	○	×	×	20	20
L2	×	○	×	×	○	×	30	30
L3	×	×	○	×	×	○	50	50
輸送 単価	30	50	40	60	30	50		
輸送量 (変数別)	20	0	40	0	30	10		
輸送費用	600	0	1600	0	900	500	3600	

最適な輸送量は,

A工場から　L1食堂：20 個　　B工場から　L1食堂：　0 個
　　　　　　L2食堂：　0 個　　　　　　　　L2食堂：30 個
　　　　　　L3食堂：40 個　　　　　　　　L3食堂：10 個

の内容で輸送するのがもっともコストが安く,輸送費用は 3,600 円です.

2.3　Excel 計算表およびグラフの作り方

(1)　制約条件と目的関数のグラフの作成

　決定する変数が 2 つの場合はグラフで表すことができます．グラフもただ描くだけではなく，きれいにわかりやすく描くことが大切です．さらに，レポートや報告書に貼り付けても見やすくなることも考慮しなくてはいけません．ここでは図 2.1，図 2.6 の描き方を説明します．

　まず，図 2.1 を描いてみましょう．図 2.1 を再掲します．

　この図を描くためには次のような表 2.15 を用意します．

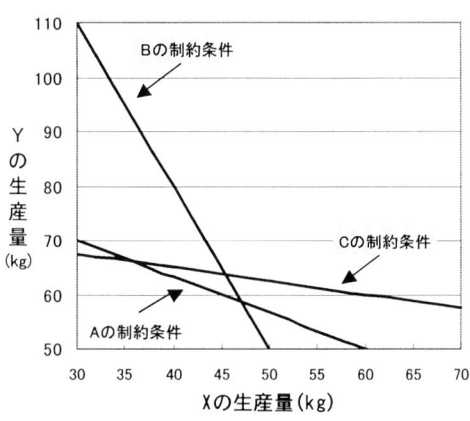

図 2.1　制約条件のグラフ(再掲)

表 2.15　作業用数表

		制約条件(y軸)		
		A	B	C
	x軸	0.2	0.3	0.1
初期値	30	0.3	0.1	0.4
増分	2	27	20	30
作図範囲	30	70.0	110	67.5
	32	68.7	104	67.0
	34	67.3	98	66.5
	36	66.0	92	66.0
	38	64.7	86	65.5
	40	63.3	80	65.0
	42	62.0	74	64.5
	44	60.7	68	64.0
	46	59.3	62	63.5
	48	58.0	56	63.0
	50	56.7	50	62.5
	52	55.3	44	62.0
	54	54.0	38	61.5
	56	52.7	32	61.0
	58	51.3	26	60.5
	60	50.0	20	60.0
	62	48.7	14	59.5
	64	47.3	8	59.0
	66	46.0	2	58.5
	68	44.7	-4	58.0
	70	43.3	-10	57.5

1)　作図用数表の作り方

		制約条件		
		A	B	C
		0.2	0.3	0.1
初期値	30	0.3	0.1	0.4
増分	2	27	20	30

　はじめに，制約条件の係数を入力します．A の制約条件式は，$0.2x + 0.3y \leqq 27$ でしたので，適当なセルに $0.2, 0.3, 27$ を順番に縦に入力します（ここでは，C6, C7, C8 セルと

2.3 Excel計算表およびグラフの作り方

します). 続いて, B,C の条件もとなりの列に入力します.

次に初期値と増分を入力します. これは試行錯誤で決めますが,

　　　初期値 = 30, 増分 = 2

とします.

2) 作図範囲のデータの作成

次に, x軸の値を作成しましょう. B9セル, B10セルに次式を入力します.

　　　B9セル : = B7
　　　B10セル : = B9+$B$8

		制約条件		
		A	B	C
		0.2	0.3	0.1
初期値	30	0.3	0.1	0.4
増分	2	27	20	30
	30			
	32			

B9セル　=B7

B10セル　=B9+$B$8

B10セルを残りの作図範囲にコピーします.

その結果は下表のようになります.

		制約条件(y軸)		
	x軸	A	B	C
		0.2	0.3	0.1
初期値	30	0.3	0.1	0.4
増分	2	27	20	30
作図範囲	30			
	32			
	34			
	36			
	38			
	40			
	42			
	44			
	46			
	48			
	50			
	52			
	54			
	56			
	58			
	60			
	62			
	64			
	66			
	68			
	70			

次に x 軸の値に対応した条件 A, B, C の y 軸の値を求めます．条件 A について求めましょう．

条件 A の式を等号に直すと，

$0.2x + 0.3y = 27$ です．

これを y について解くと，

$y = (27 - 0.2x)/0.3$

となります．

セルの番地に対応して書くと，

C9 セルは ＝(C8 − C6*B9)/C7 となります．

C9 セルの式を，他の全ての y 軸の値の範囲にコピーするためにセルを固定します．

x 軸のセル（B9 セル：30 と表示）は，縦（行）方向に変化していきますが，横（列）方向のコピーに対して変化しては困りますので，列固定します．

つまり，$B9 となります．

条件のセル（C6, C7, C8 セル：0.2, 0.3, 27 と表示）は，逆に横（列）方向に A, B, C 条件へと変化しなければいけませんが，縦（行）方向に変化してはいけません．そこで，行固定します．つまり，C$6, C$7, C$8 となります．

これらを式に入れると，

C9 セルは ＝(C$8 − C$6*$B9)/C$7

となりますね．

それではコピーの準備ができましたので，C9 セルを y 軸の値の範囲に全てコピーします．結果は右の表のようになります．

これで図を描く準備が整いました．

		制約条件(y軸)		
	x軸	A	B	C
		0.2	0.3	0.1
初期値	30	0.3	0.1	0.4
増分	2	27	20	30
作図範囲	30	70.0	110	67.5
	32	68.7	104	67.0
	34	67.3	98	66.5
	36	66.0	92	66.0
	38	64.7	86	65.5
	40	63.3	80	65.0
	42	62.0	74	64.5
	44	60.7	68	64.0
	46	59.3	62	63.5
	48	58.0	56	63.0
	50	56.7	50	62.5
	52	55.3	44	62.0
	54	54.0	38	61.5
	56	52.7	32	61.0
	58	51.3	26	60.5
	60	50.0	20	60.0
	62	48.7	14	59.5
	64	47.3	8	59.0
	66	46.0	2	58.5
	68	44.7	−4	58.0
	70	43.3	−10	57.5

2.3 Excel計算表およびグラフの作り方

次に，x軸とy軸の範囲を選択して，グラフを描きます．
グラフの設定は以下のとおりです．

● グラフの種類：散布図
● X数値軸：
　ラベル：Xの生産量(kg)
　最小値：30　最大値：70
● Y数値軸：
　ラベル：Yの生産量
　　（文字列：縦方向）
　最小値：50　最大値：110
● 凡例は表示しない

さらに，各系列の線を太くして，色を黒にします．
また，グラフの背景を明るい色に変更します．
ここまでで下のようなグラフが出来上がっていると思います．

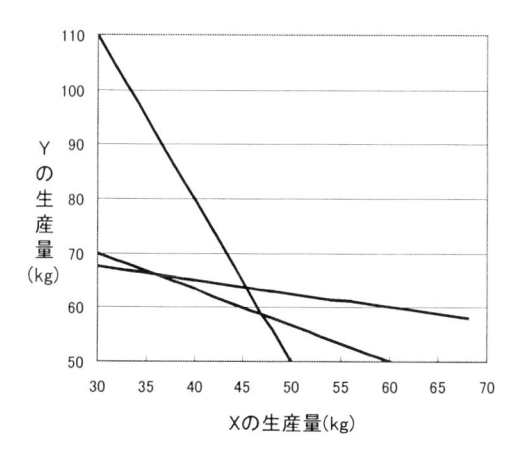

最後に，いくつかの説明のテキストを追加しましょう．
　図形描画のメニューから楕円を選んで，条件 A,B,C を記入した円を直線の近くに配置します．また，y 軸のラベルの下にテキストボックスで(kg)を置きます．

グラフは次のようになります．

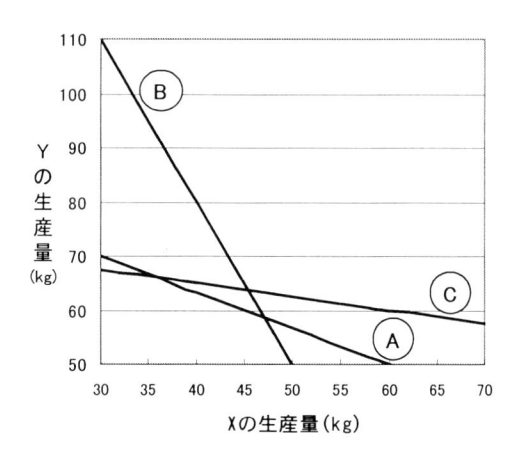

最後に，最適条件のときの目的関数を表示しましょう．

先ほど作成したグラフ用の数表に目的関数の数値を加えます．

目的関数は P = 90x + 100y でしたね．

また，最適条件のときの利益は，10,100 円ですから，最適条件のときの直線の式は，

$$90x + 100y = 10100$$

となります．

先ほどの数表のときと同じように係数，90，100，10100 を右の列に加えて，y 軸の値も計算します．計算はもちろん，y 軸の制約条件の C の列からコピーします．出来上がった数表は右の表のようになります．

それでは，最後に最適条件の y 軸の値をグラフに追加します（図 2.6）．

最適条件の作図範囲を選択してグラフにドラッグ＆ドロップすることで簡単にグラフに追加

		制約条件(y軸)			
		A	B	C	最適条件
	x軸	0.2	0.3	0.1	90
初期値	30	0.3	0.1	0.4	100
増分	2	27	20	30	10100
作図範囲	30	70.0	110	67.5	74.0
	32	68.7	104	67.0	72.2
	34	67.3	98	66.5	70.4
	36	66.0	92	66.0	68.6
	38	64.7	86	65.5	66.8
	40	63.3	80	65.0	65.0
	42	62.0	74	64.5	63.2
	44	60.7	68	64.0	61.4
	46	59.3	62	63.5	59.6
	48	58.0	56	63.0	57.8
	50	56.7	50	62.5	56.0
	52	55.3	44	62.0	54.2
	54	54.0	38	61.5	52.4
	56	52.7	32	61.0	50.6
	58	51.3	26	60.5	48.8
	60	50.0	20	60.0	47.0
	62	48.7	14	59.5	45.2
	64	47.3	8	59.0	43.4
	66	46.0	2	58.5	41.6
	68	44.7	-4	58.0	39.8
	70	43.3	-10	57.5	38.0

2.3 Excel計算表およびグラフの作り方

することができます．ただし，他の制約条件の直線と区別するために点線表示にして色も赤にしておきましょう．

また，「目的関数（最適条件）」と書いたテキストボックスと矢印も追加しましょう．

これでグラフの完成です．

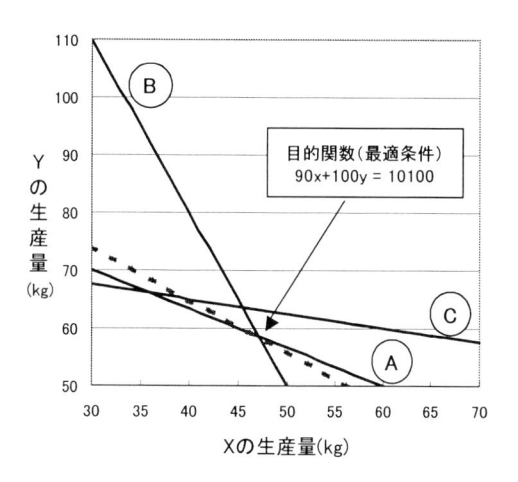

図 2.6 　最適条件の図示（再掲）

3） グラフの修正

次に，グラフ用数表にある初期値と増分の使い方について説明します．さきほど描いたグラフでは 3 つの制約条件の交点の部分が小さく表示されていました．この部分を拡大表示するのにこれらを使用しましょう．

まず，

　　　　初期値：35，増分：1

に変えます．

さらに，次のようにグラフの軸の設定を変更します．

　　　　X 軸の最大値：50，最小値：35，目盛間隔：5
　　　　Y 軸の最大値：70，最小値：55，目盛間隔：5

に変更すると図 2.12 のようなグラフになります．

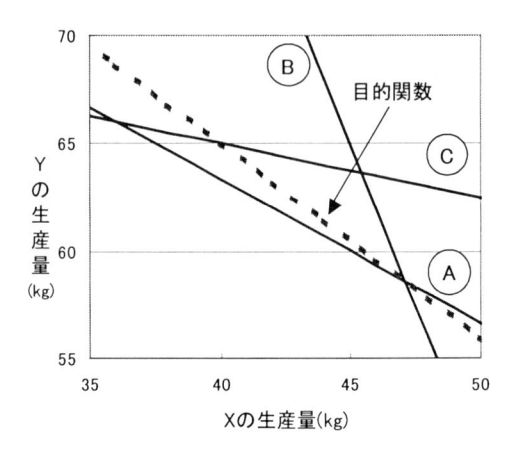

図 2.12 交点部分の拡大図

これで交点付近が拡大され見やすくなりましたね.

(2) 行列計算を使用した連立1次方程式の解法

制約条件AとBの交点①の座標(x, y)を行列計算を用いて求めます.
連立させる条件式は,

$$\begin{cases} 0.2x + 0.3y = 27 \\ 0.3x + 0.1y = 20 \end{cases}$$

です.

この係数を $M = \begin{pmatrix} 0.2 & 0.3 \\ 0.3 & 0.1 \end{pmatrix}$, $X=(x, y)$, $N=(27, 20)$ のように行列で表して,方程式を書き直しますと,次のようになります.

$$MX = N$$

これをXについて解くと,

$$X = M^{-1}N$$

となり,$X=(x, y)$が求まる,という方法です.(M^{-1}を逆行列と言います.)

2.3 Excel計算表およびグラフの作り方

それでは，M の逆行列を求めてみましょう．M の行列の数値を入力してあるセル範囲を C10:D11 とすると，求める逆行列 M^{-1} の範囲を選択して MINVERSE 関数を利用します．すると簡単に逆行列 M^{-1} が求まります．

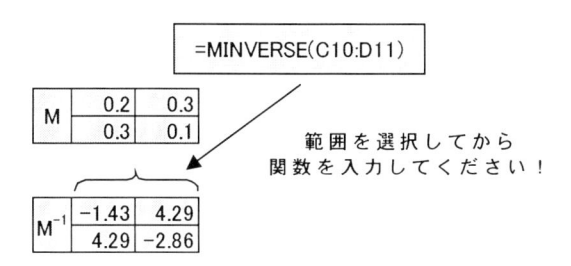

```
=MINVERSE(C10:D11)
```

M	0.2	0.3
	0.3	0.1

範囲を選択してから
関数を入力してください！

M^{-1}	-1.43	4.29
	4.29	-2.86

次は方程式の解です．これは行列の乗算の MMULT 関数を利用します．

M^{-1} のセル範囲 ： C15:D16
N のセル範囲 ： C18:C19

とすると，方程式の解 X は MMULT 関数を用いて上の図のように求まります．(入力の際は CTRL+SHIFT+ENTER を押してください．)

つまり，解は

x＝47.14　y＝58.57

となります．行列計算を手計算ですると大変ですが，Excel の関数を使うとこのように非常に簡単に求まります．

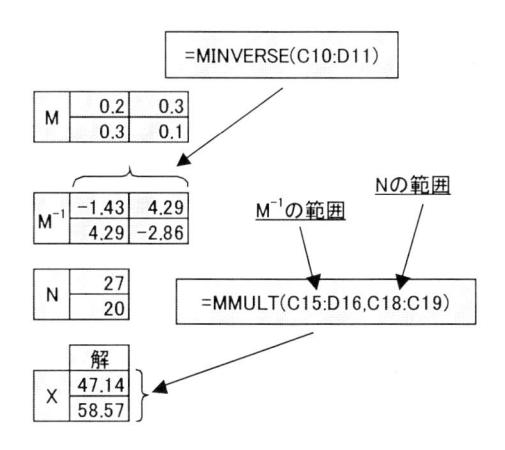

```
=MINVERSE(C10:D11)
```

M	0.2	0.3
	0.3	0.1

M^{-1}	-1.43	4.29
	4.29	-2.86

M^{-1} の範囲　　Nの範囲

N	27
	20

```
=MMULT(C15:D16,C18:C19)
```

	解
X	47.14
	58.57

ついでに, 他の交点も求めておきましょう.
交点②は次の連立方程式を解くことによって求まります.

$$\begin{cases} 0.2x + 0.3y = 27 \\ 0.1x + 0.4y = 30 \end{cases}$$

これを行列で表すと, $M = \begin{pmatrix} 0.2 & 0.3 \\ 0.1 & 0.4 \end{pmatrix}$, $X=(x, y)$, $N=(27, 30)$ となります.

逆行列 M^{-1}, 解 X はそれぞれ次のように求まります.

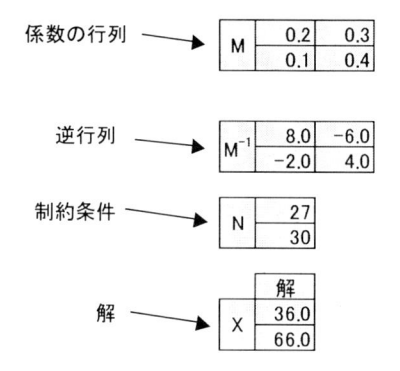

係数の行列 →	M	0.2	0.3
		0.1	0.4

逆行列 →	M^{-1}	8.0	-6.0
		-2.0	4.0

制約条件 →	N	27
		30

解 →	X	解
		36.0
		66.0

このように行列関数を使用すると連立方程式の解も簡単に求めることができます.

演習問題

問題 2.1

　ある工場では 2 種類の製品 A と製品 B を製造しています. 2 つの製品を生産するためには 3 種類の原料が必要です. 製品 A を1kg 生産するには, 原料①を 1kg, 原料②を 3kg, 原料③を 1kg 使用します. また, 製品 B の生産には原料①が 6kg, 原料②が 4kg, 原料③が 3kg 必要です. ただし, これらの原料の 1ヵ月の供給量には制約があり, 原料①が 36kg, 原料②が 48kg, 原料③が 21kg です. 製品 A, 製品 B の 1kg 当りの利益がそれぞれ 3 万円,

5万円とするとき，利益が最大となるように製品 A と製品 B の生産量(kg)を決めてください．また，図解法でも解いてください．

問題 2.2

表 2.16 含有量と基準値

		原料		基準値
		x1	x2	
栄養素	A	4	3	20
	B	2	1	7
	C	4	8	40

ある食品を作るのに原料を 2 種類(X1 と X2)使います．この食品には 3 つの栄養素(A, B, C)が基準値以上含まれてなくてはいけません．2 つの原料の栄養素の 1kg 当りの含有量(g)と基準値(g)は表 2.16 のとおりです．1kg 当りの原料の価格が X1=2 万円，X2=3 万円としたとき，最も価格を安く作るには X1 と X2 を何 kg ずつ使用すればよいか決定してください．図解法でも解いてください．

問題 2.3

あるパソコンメーカーで 2 つの工場 A と B でノート PC を生産し，3 つの消費地(C1, C2, C3)に輸送しています．工場 A の生産量は 50 ロット(1 ロットは 100 台)，工場 B の生産量は 100 ロットです．消費地の需要は，C1 が 25 ロット，C2 が 50 ロット，C3 が 75 ロットです．工場から消費地への輸送費はそれぞれ異なっており，表 2.17 にまとめました．

表 2.17 輸送費

	C1	C2	C3
A	3	5	4
B	6	2	8

万円/ロット

工場からの輸送量と消費地での受入量の合計が共に 150 ロットのとき，総輸送費を最小にするようにする輸送量を決めてください．

第3章 日程計画

3.1 日程計画とは

　1950年代後半にアメリカ海軍と企業でミサイルの効率的な開発のために考案され，大規模なプロジェクトの計画・管理に用いられてきた PERT (Program Evaluation and Review Technique) と呼ばれる手法は，現在では製品開発や製造現場での改善活動のスケジュール管理にまで広く使われています．PERTの特徴は作業の時間や順序関係をアローダイアグラムを用いて分かりやすく表現することにあります．アローダイアグラムを利用して，作業の順番を考慮に入れた能率のよい作業計画を立てプロジェクトを所定の期間内で完了させることが日程計画の目的です．

(1) アローダイアグラム

1) 作業の開始と終了

　ある設計作業を開始し終了することを，矢印と結び合わせる点(結合点またはノード)で表すと次のようになります．

```
  ┌──┐       ┌──┐
  │設計│──────▶│設計│
  │開始│       │終了│
  └──┘       └──┘
```

アローダイアグラムではこれを次のように表します．

つまり，設計作業はノード1で開始，ノード2で終了し，矢印は設計作業そのものを表しています．

2) 作業の前後関係の表示

作業 B に着手するためには作業 A を完了しなくてはいけないとき，作業 A を作業 B の先行作業と呼びます．これをアローダイアグラムでは次のように表します．

作業	先行作業
B	A

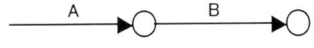

また，作業 C の先行作業が作業 A と作業 B の場合は，

作業	先行作業
C	A, B

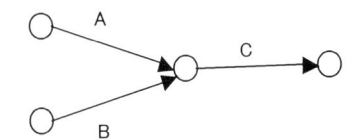

と表されます．

さらに，作業 C,D の先行作業が作業 A,B であるときは，

作業	先行作業
C	A, B
D	A, B

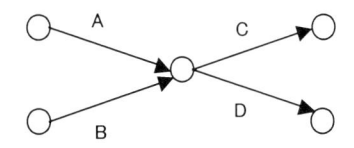

となります．

3) 作成のルール

アローダイアグラムを用いてプロジェクトの作業を表示するときには次のようなルールがあります．

a) プロジェクト全体は開始のノードで始まり終了のノードで終わる．
b) 先行作業がすべて終了してからノードから出る作業が開始される．
c) 2つのノードの間には1つの作業しか存在しない．
d) 1つのノードから出てそのノードに戻るループは存在できない．

4) ダミー作業の利用

ダミー作業とはノードとノードを結ぶ作業時間ゼロの作業であり，通常点線の矢印で表示します．ルール c)に当てはまらない作業の順序関係を表示する場合にダミー作業を利用します．ダミー作業が必要な2つの代表的な例を以下で説明します．

● パターン1：2本同時結合のケース

作業 B,C の先行作業が作業 A で作業 D の先行作業が作業 B,C の場合．表し方は2通りあります(図 3.1, 図 3.2)．

作業	先行作業
B	A
C	A
D	B,C

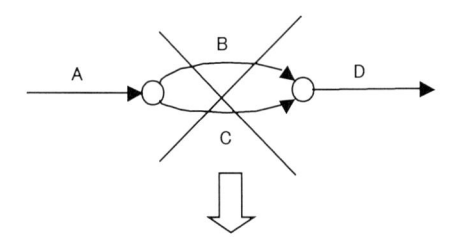

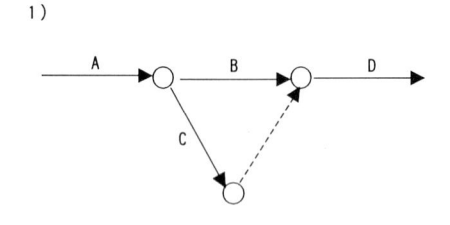

1)

図 3.1 ダミーの使用(1)

3.1 日程計画とは

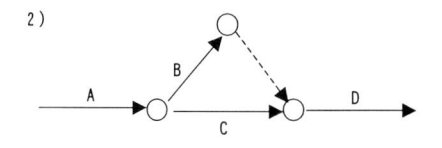

2)

図 3.2 ダミーの使用(2)

● パターン 2：先行作業不一致のケース

作業 C の先行作業が作業 A，B で作業 D の先行作業が作業 B だけの場合(図 3.3)．

作業	先行作業
C	A, B
D	B

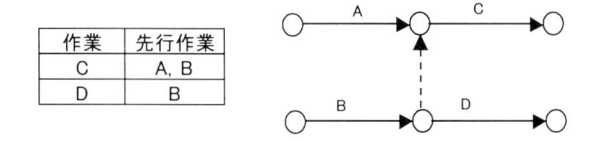

図 3.3 ダミーの使用(3)

5) アローダイアグラムの作成

いくつかの例題で実際にアローダイアグラムを作成してみましょう．
まずダミー作業が必要ない場合です．

例題 1　一番単純なケースで，先行作業が次々とつながります．

作業	先行作業
A	なし
B	A
C	B

例題 2　作業 B,C,D の先行作業が作業 A です．これも簡単ですね．

作業	先行作業
A	なし
B	A
C	A
D	A
E	B
F	C,E
G	D,F

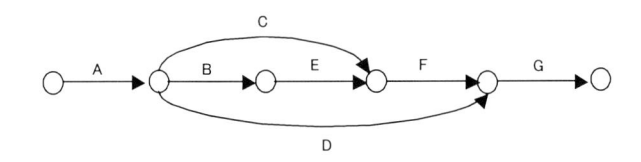

例題 3　開始が作業 A,B, 終了が作業 H,I となっており, 少し複雑です．最初からこんなきれいなアローダイアグラムにはなりません．試行錯誤の結果です．

作業	先行作業
A	なし
B	なし
C	A
D	B
E	D
F	C,E
G	D
H	F
I	G

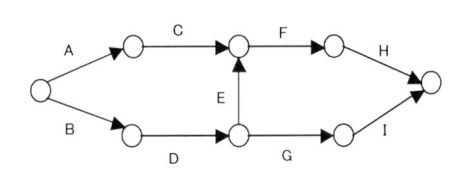

次はダミー作業が必要な例題です．

例題 4　ダミー作業が 1 つの場合．

作業	先行作業
A	なし
B	なし
C	A,B
D	B

まず, どの部分にダミー作業があるか考えます．このプロジェクトには先ほど説明したダミー作業の 2 つのパターンの両方が含まれています．

3.1 日程計画とは

ダミーパターン1

作業	先行作業
A	なし
B	なし
C	A,B
D	B

1つ目は作業 A, B, C の関係です．この関係をそのまま結ぶと作業 A,B の両方が同じ開始と終了のノードをもちます．このためダミー作業が必要です．

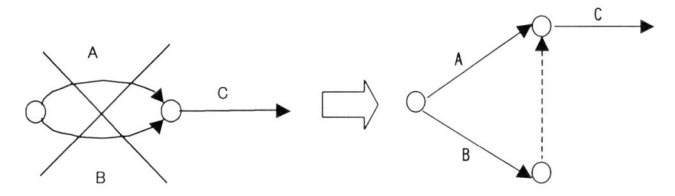

ダミーパターン2

作業	先行作業
A	なし
B	なし
C	A,B
D	B

これは先ほどのダミー作業の説明のパターン2の作業と同じ組合せです．つまり，作業 C の先行作業は A,B ですが，作業 D の先行作業は B だけです．そこで作業 A と作業 C, 作業 B と作業 D をまず結びます．

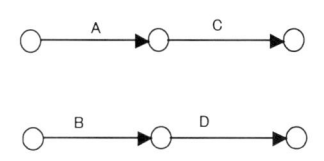

次に，作業 B と作業 C をダミー作業を使って結びます．これで，作業 B の先行作業は作業 C と作業 D の両方になりました．しかも，作業 D の先行作業は作業 A だけのままです．

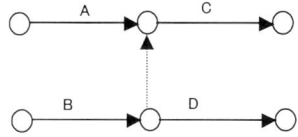

最後に作業の開始は A と B, 作業の終了は C と D ですから，これらを1つのノードにまとめます．

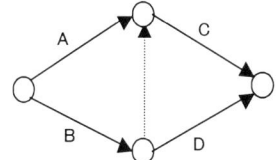

例題 5 ダミー作業が2つの場合．

作業	先行作業	作業	先行作業
A	なし	F	B,C
B	なし	G	B,C,E
C	A	H	B,C,E
D	A	I	D,G
E	A	J	D,F,G,H

この例題は2つのダミー作業が必要な場合です．例題4と同様に，どの部分にダミー作業が必要か見てみましょう．2つとも後半の作業にあります．

1) 後半部分のアローダイアグラムの作成

ダミーのパターン1

作業	先行作業
F	B,C
G	B,C,E
H	B,C,E
I	D,G
J	D,F,G,H

最初にダミー作業が必要な箇所は作業F,G,Hの部分です．作業Fの先行作業は作業B,Cの2つですが，作業G,Hの先行作業は作業B,C,Eの2つで合いません．作業G,Hと作業B,Cを結びつけるためにダミー作業が必要です．

まず，作業B,Cと作業F，そして作業Eと作業G,Hを別々に結びます．

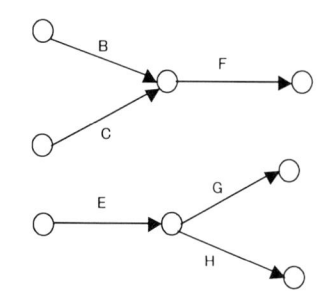

次に作業B,Cと作業G,Cを結びつけるのに，ダミー作業を利用します．

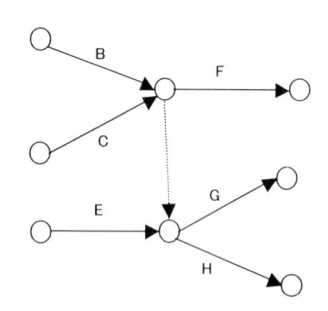

3.1 日程計画とは　　　　　　　　　　45

ダミーのパターン2

作業	先行作業
F	B,C
G	B,C,E
H	B,C,E
I	D,G
J	D,F,G,H

2番目のダミー作業は，作業 I,J の部分です．ここも基本的には1番目のパターンと同じです．つまり，作業 I と作業 J で先行作業の一部が違う場合です．作業 I の先行作業は作業 D,G の2つですが，作業 J では作業 D,G に加え，作業 F,H も先行作業となっています．この場合も単独に結べる作業を別々に作ります．すなわち，作業 D,G と作業 I を結び，作業 F,H と作業 J を結びます．

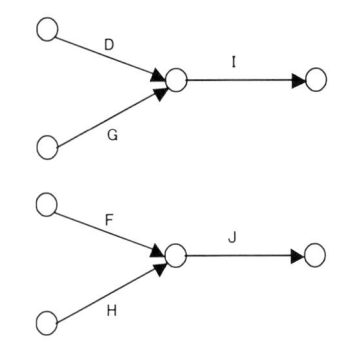

次に作業 J の先行作業が作業 D,G であることを表すのにダミー作業を使います．

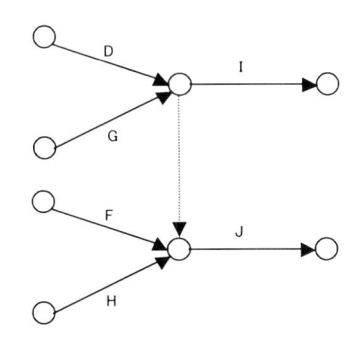

これで2つのダミー作業が必要な部分は出来上がりました．2つを見比べてみましょう．作業の位置関係を考慮してそれぞれのアローダイアグラムを変形します．

● 1番目のダミー作業

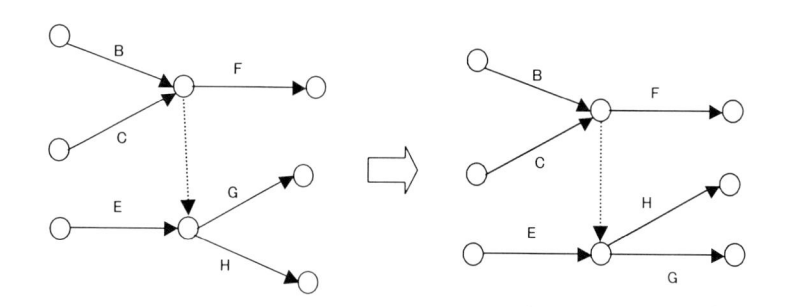

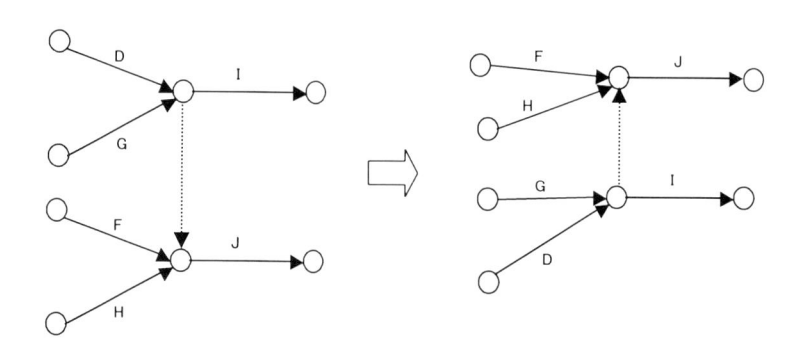

● 2番目のダミー作業

この2つを合わせると2つの例題の後半の2つのダミー作業が必要な部分のアローダイアグラムが完成します（図3.4）．

3.1 日程計画とは

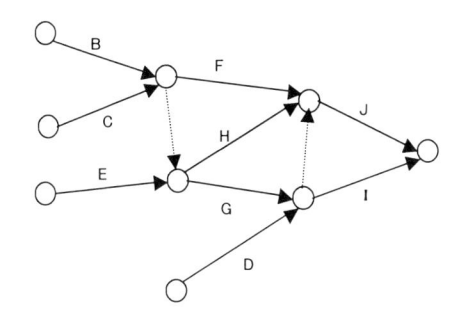

図 3.4 後半部分のアローダイアグラム

2) 前半部分のアローダイアグラムの作成

作業	先行作業
A	なし
B	なし
C	A
D	A
E	A

この部分のアローダイアグラムは非常に簡単です．すぐ図 3.5 のように描けると思います．

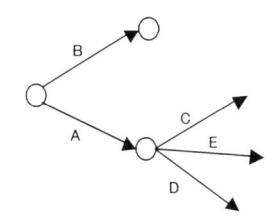

図 3.5 前半部分のアローダイアグラム

前半と後半を合わせてアローダイアグラムは完成です(図 3.6)．

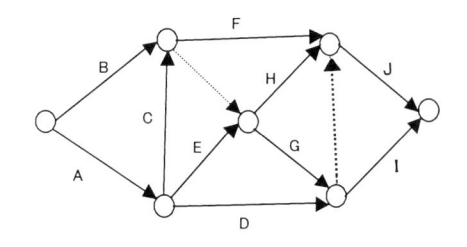

図 3.6 完成したアローダイアグラム

3.2 プロジェクトの開始と完了

　プロジェクトの日程は，作業の開始と終了の時刻やノードにおけるいくつかの時刻で決定されます．まず，よく用いられる用語を説明します．

(1) よく用いられる用語

1) **最早結合点時刻**（ET: Earliest Node Time）
　あるノード i から出ている作業が最も早く開始できる時刻です．ノード i に入るすべての先行作業が完了してからスタートできます．

2) **最遅結合点時刻**（LT: Latest Node Time）
　プロジェクトが最早結合点時刻で作業が完了するために，各ノードに最も遅く到達できる時刻です．各ノードに入るすべての作業が完了しなくてはなりません．

3) **最早開始時刻**（ES: Earliest Start Time）
　ある作業が最も早く開始できる時刻で，最早結合点時刻（ET）に等しい．

4) **最早終了時刻**（EF: Earliest Finish Time）
　ある作業が最も早く完了する時刻です．最早開始時刻（ES）に作業の所要時間を加えることによって求めます．

5) **最遅終了時刻**（LF: Latest Finish Time）
　作業が遅くても終了しなければならない時刻で，最遅結合点時刻（LT）に等しい．この時刻までに作業を終了しないと，プロジェクト全体が遅れてしまう時刻です．

6) **最遅開始時刻**（LS: Latest Start Time）
　プロジェクトを最遅終了時刻までに終了するために，遅くても作業を開始しなくてはならない時刻です．最遅終了時刻（LF）から作業の所要時間を引くことによって求めます．

　もう少し必要な用語はありますが，先に例題を用いて最早結合点時刻(ET)

3.2 プロジェクトの開始と完了

と最遅結合点時刻(LT)を実際に求めてみましょう．

(2) 最早結合点時刻(ET)と最遅結合点時刻(LT)の計算

例題 2 に作業の所要時間を加えます．また，アローダイアグラムのノードに番号を付けましょう．

例題 6　（例題 2 に作業時間を追加）

例題 2 に作業時間を加えたプロジェクトで最早結合点時刻(ET)と最遅結合点時刻(LT)を求めてみましょう．作業時間を加えたプロジェクト表とアローダイアグラムを図 3.7 に示します．

作業	先行作業	所要日数
A	なし	4
B	A	4
C	A	8
D	A	10
E	B	2
F	C,E	3
G	D,F	5

最早結合点時刻(ET)と最遅結合点時刻(LT)を計算しますが，各ノードの付近に記入ボックスの上下にそれぞれ記入します．

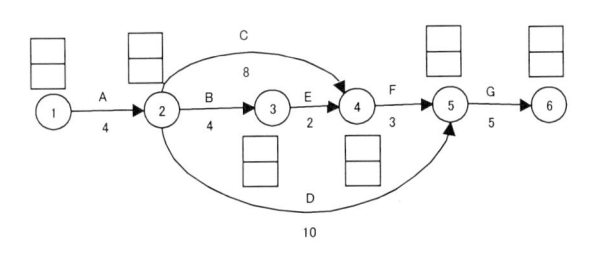

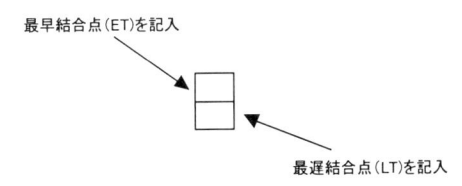

図 3.7　作業時間を追加したアローダイアグラム

1) 最早結合点時刻 (ET) の計算 → 前進計算

最初のノードにはゼロを入れておきます．

最早結合点時刻はあるノードに入る作業がすべて終了して，そのノードから出発できる最も早い時刻です．したがって，複数の先行作業が入っているノードでは，最も遅い先行作業の終了時刻ですから，

$$\text{ET} \dashrightarrow \text{すべての先行作業の終了時刻の最大値}$$

となります．

ノード 1 には作業 A が，ノード 2 には作業 B だけが入りますので，

$$ET_2(A)=4, \quad ET_3(B)=4+4=8$$

となります．（$ET_2(A)$ は作業 A によるノード 2 の最早結合点時刻を表します．）

ここまでのアローダイアグラムは次のようになります．

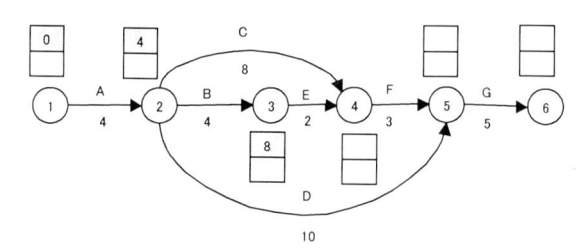

しかし，ノード 4 には，作業 C と作業 E の 2 つが入っています．

作業 C（作業日数 8）の完了時刻は，$ET_4(C)=4+8=12$

作業 E（作業日数 2）の完了時刻は，$ET_4(E)=8+2=10$

ですから，最大値の $ET_4(C)=4+8=12$ が最早結合点時刻（ET_4）となります．ノード 4 までのアローダイアグラムを描いておきましょう．

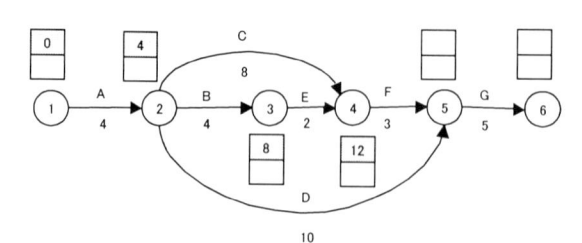

ノード 5 にも 2 つの作業 D と F が入っています.計算してみましょう.

作業 D (作業日数 10) の完了時刻: $ET_5(D)=4+10=14$
作業 F (作業日数 3) の完了時刻: $ET_5(F)=12+3=15$

作業 F の完了時刻のほうが大きいですから,$ET_5(F)=15$ がノード 5 の最早結合点時刻となります.

続けて,ノード 6 は作業 G だけですから,

作業 G (作業日数 5) の完了時刻: $ET_6(G)=15+5=20$

この時刻 20 が最早結合点時刻となります.

ここまでのアローダイアグラムは図 3.8 のようになります.

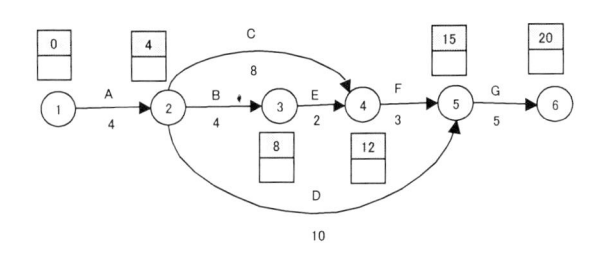

図 3.8 最早結合点時刻を記入した
アローダイアグラム

2) 最遅結合点時刻(LT)の計算→後退計算

次に最遅結合点時刻(LT)を計算してみましょう.この時刻はノードに最も遅く到達してもよい時刻ですから,

LT ------▶ 最遅結合点時刻からすべての先行作業を引いた
時刻の最小値

となります.

計算はプロジェクト最後のノード 6 から逆に道順を戻っていきます(後退計算します).

まず,ノード 6 の記入ボックスの下段に最早結合点時刻の値 20 を入れましょう.次にノード 5 ですが,ノード 6 から戻る道(パス)は作業 G だけですから,

$LT_5(G)=20-5=15$

となります. ここまでを書いておきます.

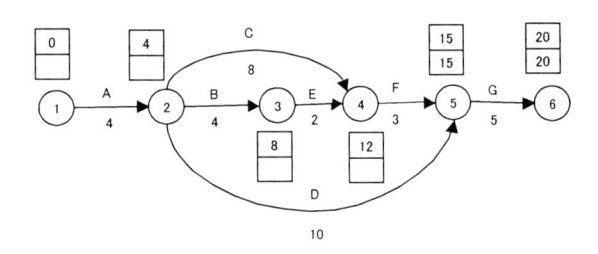

同様に, ノード 4 に戻る作業は作業 F, ノード 3 に戻る作業は作業 E ですから,

$$LT_4(F)=15-3=12$$

この 12 がノード 4 の最遅結合点時刻です. 引き続き, ノード 3 は

$$LT_3(E)=12-2=10$$

と計算されますので, アローダイアグラムは以下のようになります.

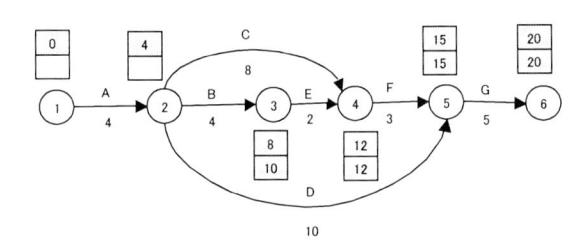

次のノード 2 は注意が必要です. ここに戻る道は 3 つあります. 作業 B, 作業 C, 作業 D です. それぞれを計算してみましょう.

$$LT_2(B)=10-4=6$$
$$LT_2(C)=12-8=4$$
$$LT_2(D)=15-10=5$$

最遅結合点時刻はこれらの時刻の最小値ですから,

$$LT_2(C)=12-8=4$$

がノード 2 の最遅結合点時刻となります.

ノード1に戻るのは作業Aだけですから,最遅結合点時刻は,

$$LT_1(A) = 4 - 4 = 0$$

となり,計算が終了しました.

最終的に出来上がったアローダイアグラムは図 3.9 のようになります.

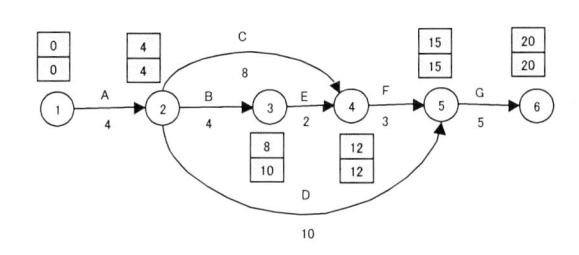

図 3.9 最早・最遅結合点を記入した
アローダイアグラム

(3) クリティカルパス

1) 余裕時間

あるノードにおける作業の中には先行作業の関係で作業の開始・終了までに時間的な余裕がある場合があります.これを余裕時間といいます.余裕時間には,最遅終了時刻(LF)から最早終了時刻(EF)を引いた全余裕(TF:Total Float)と最早開始時刻(ES)から最早終了時刻(EF)を引いた自由余裕(FF:Free Float)があります.

全余裕時間は作業の開始が最早開始時刻より遅れても,プロジェクト全体の終了に影響を与えない余裕の時間を意味します.また,自由余裕は作業の開始が最早開始時刻より遅れても,次の作業の最早開始時刻に影響を与えない余裕時間のことです.

計算式は次のようになります.

全余裕 : $TF_{ij} = LF_{ij} - EF_{ij}$

自由余裕 : $FF_{ij} = ES_{jk} - EF_{ij}$

ただし,作業の流れは(i,j)→(j,k)とする.

2) クリティカルパス

最早結合点時刻と最遅結合点時刻が等しいノード，つまり全余裕時間がゼロのノードを結んだ経路をクリティカルパスと呼びます．この経路はこの経路上の作業が少しでも遅れるとプロジェクト全体が遅れる重大(critical)な経路で，余裕のまったくない作業を結んだものです．また，この経路上の作業の時間を短縮するとプロジェクト全体の時間が短縮されるのでプロジェクト管理でも非常に重要です．

3) クリティカルパスの計算例

例題 5 で扱ったアローダイアグラム上でクリティカルパスを考えてみましょう．

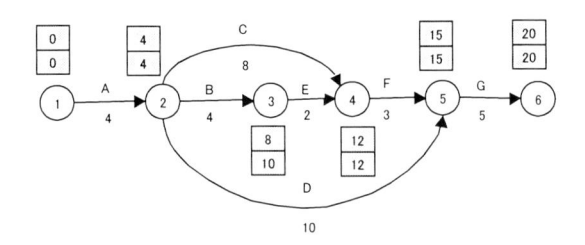

このアローダイアグラムで最早結合点時刻と最遅結合点が等しい経路は，

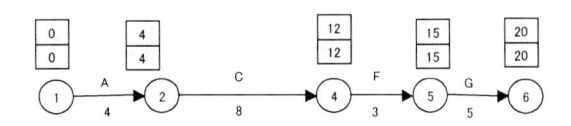

となります．

つまり，ノードでは，

①→②→④→⑤→⑥

作業では，

A→C→F→G

がクリティカルパスとなります．

3.3 PERT計算表の作成

アローダイアグラムでは太線で表示しました(図 3.10).

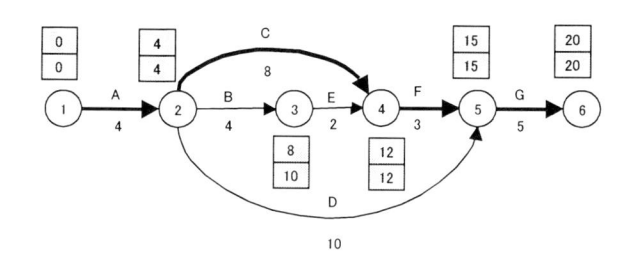

図 3.10 アローダイアグラムの表示

3.3　PERT計算表の作成

これまでプロジェクトの作業の日程管理に必要ないろいろなノードや作業の時刻,さらにクリティカルパスを個別に計算してきましたが,これを一覧表にまとめたPERT計算表を作成してみましょう.本書ではExcelを使用しますので,このために必要な手順と補助表も追加されています.

(1) ET(最早結合点時刻)の計算表

最早結合点時刻,最早開始時刻,最早終了時刻を計算する表を作成しましょう.

例題6のプロジェクトでPERT計算表を作成してみましょう.作業表と完成したアローダイアグラムを再掲します(図 3.11).

作業	先行作業	所要日数
A	なし	4
B	A	4
C	A	8
D	A	10
E	B	2
F	C,E	3
G	D,F	5

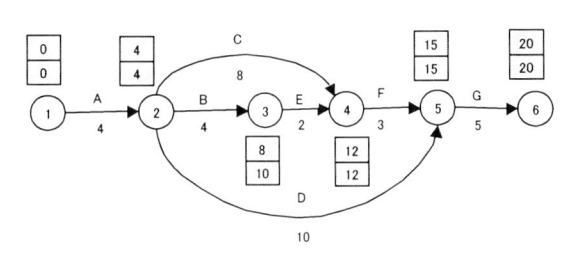

図 3.11　例題 6 の作業表と
　　　　　アローダイアグラム

　このアローダイアグラムでは，例えば作業 A の作業日数は 4 日間でノード 1 で開始されノード 2 で終了します．また，作業 B はノード 2 で開始されノード 3 で終了し，4 日間かかります．

　このようにすべての作業と作業時間の関係を取り出し，表 3.1 を作成します．項目は，作業名，開始のノードを i，終了のノードを j，作業時間を t_{ij}，そして最早結合点 (ET)，最早開始時刻 (ES)，最早終了時刻 (EF) の列を用意します．さらに，終了のノードの順に並べた順番を記入してある "NO" の列，開始ノードの番号がそれ以前の終了ノードのどの位置 (番号) になるかを検索する "位置" の列から構成されています．(ダミー作業がある場合は記号を d，作業時間を 0 として表に加えてください．)

表 3.1　ET 計算表 (1)

作業	NO	ET	i	j	位置	ES	t_{ij}	EF
A	1		1	2			4	
B	2		2	3			4	
C	3		2	4			8	
E	4		3	4			2	
D	5		2	5			10	
F	6		4	5			3	
G	7		5	6			5	

● ET (最早結合点時刻) 計算表ステップ

ステップ 1：ET 計算のための計算表 (表 3.1) の用意

ステップ 2：開始ノード位置の計算

　開始ノード i の番号が直前の終了ノード j では何番目の位置にあるかを計算します．例えば，作業 A は始点ノードが 1，終点ノードが 2 です．一方，作

3.3 PERT計算表の作成

業B, 作業C, 作業Dの開始ノードは2です.このときノード2の終了ノードの位置は何番目かを求めます.表を目で見れば作業Aの終了ノードが2ですから,1番目と分かります.これを表計算でどう求めたらいいでしょうか.

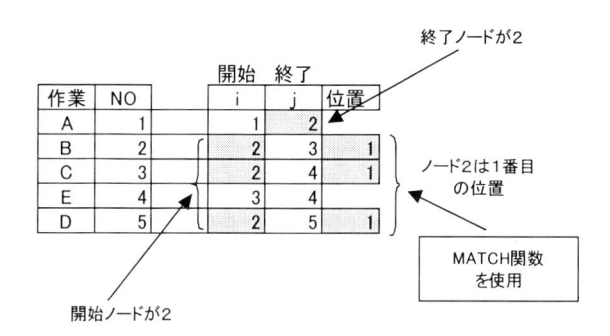

```
                          終了ノードが2
            開始   終了
作業 NO      i     j     位置
 A    1     1     2
 B    2     2     3      1      ノード2は1番目
 C    3     2     4      1      の位置
 E    4     3     4
 D    5     2     5      1
                                MATCH関数
                                を使用
開始ノードが2
```

Excel関数のMATCH関数を用いて1つの終了ノードの位置を求めれば,残りの位置はセルの式のコピーで求めることができます.結果は表3.2のようになります.

表 3.2 ET 計算表 (2)

作業	NO	ET	i	j	位置	ES	t_{ij}	EF
A	1		1	2	0		4	
B	2		2	3	1		4	
C	3		2	4	1		8	
E	4		3	4	2		2	
D	5		2	5	1		10	
F	6		4	5	4		3	
G	7		5	6	6		5	

ステップ3:EF,ETの列への計算式の入力

ES(最早開始時刻)は空欄のままですが,先に EF(最早終了時刻)とET(最早結合点時刻)の列に計算式を入れておきます.

もとになる式は,

  最早終了時刻　　= 最早開始時刻 + 作業日数
  最早結合点時刻　= 最早終了時刻

つまり,

  $EF = ES + t_{ij}$

ET = EF

となります．

この関係をセルに式として入力すると表 3.3 のようになります．

表 3.3 ET 計算表 (3)

作業	NO	ET	i	j	位置	ES	t$_{ij}$	EF
A	1	4	1	2	0		4	4
B	2	4	2	3	1		4	4
C	3	8	2	4	1		8	8
E	4	2	3	4	2		2	2
D	5	10	2	5	1		10	10
F	6	3	4	5	4		3	3
G	7	5	5	6	6		5	5

ES は空欄 (つまりゼロ) ですので，t$_{ij}$ と EF は等しくなっています．

ステップ 4 : 最早開始時刻 (ES) の計算

次に空欄になっている ES (最早開始時刻) を求めます．ES はそれぞれの作業が最も早く開始できる時刻です．例えば作業 B, C, D の開始ノードは 2 ですから，終了ノードが 2 の作業 A の終了時刻がわかれば作業 B, C, D の最早開始時刻 (ES) がわかります．この計算は Excel 関数の VLOOKUP 関数を用います．VLOOKUP 関数は指定した文字に対応する数値を表から検索する関数です．この場合，"位置" の列にある番号に等しい値を "NO" 列から探し，見つかった行にある ET の時刻を検索します．ES の列に VLOOKUP 関数を使用した結果が表 3.4 になります．

表 3.4 ET 計算表 (4)

作業	NO	ET	i	j	位置	ES	t$_{ij}$	EF
A	1	4	1	2	0	0	4	4
B	2	8	2	3	1	4	4	8
C	3	12	2	4	1	4	8	12
E	4	10	3	4	2	8	2	10
D	5	14	2	5	1	4	10	14
F	6	13	4	5	4	10	3	13
G	7	18	5	6	6	13	5	18

VLOOKUP( ) 関数を使用

ES が計算されましたので，対応して EF と ET の値も変化しています．

ステップ 5 : 正しい ET(最早結合点時刻)への修正

ET は計算されていますが,少し様子が変です.ET はあるノードに集まる先行作業が終了する時刻の最大値ですから,同じ終了ノードをもった作業の EF(最早終了時刻)の最大値でなくてはいけません.この例題では,同じ終了ノードをもった作業は 2 カ所あります(表 3.5).

表 3.5　ET 計 算 表 (5)

作業	NO	ET	i	j	位置	ES	tij	EF
A	1	4	1	2	0	0	4	4
B	2	8	2	3	1	4	4	8
C	3	12	2	4	1	4	8	12
E	4	10	3	4	2	8	2	10
D	5	14	2	5	1	4	10	14
F	6	13	4	5	4	10	3	13
G	7	18	5	6	6	13	5	18

終了ノードが5　　終了ノードが4

最大値を見てみましょう.作業 C, E の終了ノードはともに 4 です.作業 C の EF(最早終了時刻)は 12,作業 E の ET は 10 ですから,最大値は 12 です.そこで,作業 E の ET を 10 から 12 に手入力で変更します(表 3.6).同じく,作業 E, D の関係を見ると EF の最大値は 15 ですから,今度は作業 D の ET を 15 に変えます(表 3.7).

表 3.6　ET 計 算 表 (6)

作業	NO	ET	i	j	位置	ES	tij	EF
A	1	4	1	2	0	0	4	4
B	2	8	2	3	1	4	4	8
C	3	12	2	4	1	4	8	12
E	4	10	3	4	2	8	2	10
D	5	14	2	5	1	4	10	14
F	6	13	4	5	4	10	3	13
G	7	18	5	6	6	13	5	18

最大は12

12に修正

表 3.7 ET 計算表(7)

作業	NO	ET	i	j	位置	ES	tij	EF
A	1	4	1	2	0	0	4	4
B	2	8	2	3	1	4	4	8
C	3	12	2	4	1	4	8	12
E	4	12	3	4	2	8	2	10
D	5	14	2	5	1	4	10	14
F	6	15	4	5	4	12	3	15
G	7	20	5	6	6	15	5	20

15に変更　　　最大は15

表 3.8 が最終的に完成した ET 計算表です．図 3.12 にアローダイアグラムも一緒に示します．

表 3.8 ET 計算表(完成版)

作業	NO	ET	i	j	位置	ES	tij	EF
A	1	4	1	2	0	0	4	4
B	2	8	2	3	1	4	4	8
C	3	12	2	4	1	4	8	12
E	4	12	3	4	2	8	2	10
D	5	15	2	5	1	4	10	14
F	6	15	4	5	3	12	3	15
G	7	20	5	6	5	15	5	20

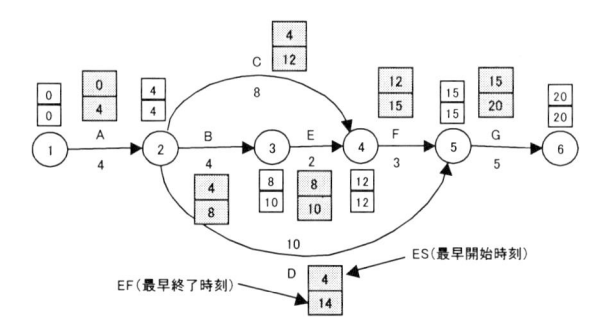

図 3.12 ES と EF を表示したアローダイアグラム

3.3 PERT 計算表の作成

(2) LT(最遅結合点時刻)の計算表

ET と同様に以下のようなステップで LT を計算します．

● LT(最遅結合点時刻)計算表ステップ

ステップ 1 : LT 計算のための計算表（表 3.9）の用意

ET 計算表と似ていますが，順番は開始ノードの順に並んでいます．また，NO の列に 8 番目を，i の列にノード 6 を追加し，さらに ET 計算表で求めたノード 6 の ET の値 20 を NO8 の LT のセルにあらかじめ入力しておきます．

表 3.9　LT 計算表(1)

作業	NO	LT	i	j	位置	LS	t_{ij}	LF
A	1		1	2			4	
B	2		2	3			4	
C	3		2	4			8	
D	4		2	5			10	
E	5		3	4			2	
F	6		4	5			3	
G	7		5	6			5	
	8	20	6					

ステップ 2 : 終了ノード位置の計算

終了ノード j の番号が直後の開始ノード i では何番目の位置にあるかを計算します．

まず最初に，最遅開始時刻を求めます．このためには次のノードの最遅終了時刻を知る必要があります．つまり，次の最遅終了時刻から戻って作業時間を引くとそのノードの最遅開始時刻になります．

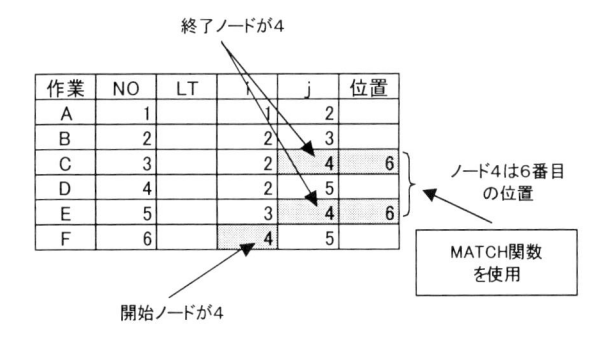

作業	NO	LT	i	j	位置
A	1		1	2	
B	2		2	3	
C	3		2	4	6
D	4		2	5	
E	5		3	4	6
F	6		4	5	

終了ノードが 4
ノード 4 は 6 番目の位置
MATCH 関数を使用
開始ノードが 4

ここでもExcelのMATCH関数を用いて全部の終了ノードの直後の開始ノードの位置を求めます(表 3.10).

表 3.10 LT 計算表(2)

作業	NO	LT	i	j	位置	LS	tij	LF
A	1		1	2	4		4	
B	2		2	3	5		4	
C	3		2	4	6		8	
D	4		2	5	7		10	
E	5		3	4	6		2	
F	6		4	5	7		3	
G	7		5	6	8		5	
	8	20	6					

ステップ 3 : LS,LT 列への計算式の入力

LS(最遅開始時刻)とLT(最遅結合点時刻)の関係は次のようになります.

  最 遅 開 始 時 刻 = 最 遅 終 了 時 刻 − 作 業 日 数
  最 遅 結 合 点 時 刻 = 最 遅 開 始 時 刻

つまり,
  LS = LF − t_{ij}
  LT = LS

となります.

セルにこの関係を代入すると表 3.11 のようになります.

表 3.11 LT 計算表(3)

作業	NO	LT	i	j	位置	LS	tij	LF
A	1	−4	1	2	4	−4	4	
B	2	−4	2	3	5	−4	4	
C	3	−8	2	4	6	−8	8	
D	4	−10	2	5	7	−10	10	
E	5	−2	3	4	6	−2	2	
F	6	−3	4	5	7	−3	3	
G	7	−5	5	6	8	−5	5	

LF(最遅終了時刻)は計算されていませんので,LS(最遅開始時刻),LT(最遅結合点時刻)はマイナスの値となっています.

ステップ 4 : 最遅終了時刻 (LF) の計算

LF(最遅終了時刻)も VLOOKUP 関数を用いて求めます(表 3.12). 例えば, 作業 A(1,2) の LF(最遅終了時刻)は, 作業 A の終了ノード j が 2 ですから, 位置が 4 番目である作業 D(開始ノード i が 2)の LT(最遅結合点時刻)の値 5 になります. この値 5 を作業 A の仮の LT(最遅終了時刻)とします. 作業 B, 作業 C も同じく開始ノード i が 2 ですが, これはステップ 5 で修正します.

表 3.12　LT 計算表 (4)

作業	NO	LT	i	j	位置	LS	tij	LF
A	1	1	1	2	4	1	4	5
B	2	6	2	3	5	6	4	10
C	3	4	2	4	6	4	8	12
D	4	5	2	5	7	5	10	15
E	5	10	3	4	6	10	2	12
F	6	12	4	5	7	12	3	15
G	7	15	5	6	8	15	5	20
	8	20	6					

VLOOKUP( )関数を使用

ステップ 5 : 正しい LT(最遅結合点時刻)への修正

LT(最遅結合点時刻)は同じ開始ノード i へ集まる作業の LS(最遅開始時刻)の最小値ですから, 開始ノード i が 2 の作業 B, 作業 C, 作業 D の LS(最遅開始時刻)の最小値 4 がノード 2 の LT(最遅結合点時刻)になります(表 3.13).

表 3.13　LT 計算表 (5)

作業	NO	LT	i	j	位置	LS	tij	LF
A	1	1	1	2	4	1	4	5
B	2	6	2	3	5	6	4	10
C	3	4	2	4	6	4	8	12
D	4	5	2	5	7	5	10	15
E	5	10	3	4	6	10	2	12
F	6	12	4	5	7	12	3	15
G	7	15	5	6	8	15	5	20
	8	20	6					

開始ノードが 2　　最小値は 4

作業 B と作業 D の LT を 4 に修正しましょう(表 3.14).

表 3.14 LT 計算表(6)

作業	NO	LT	i	j	位置	LS	tij	LF
A	1	1	1	2	4	1	4	5
B	2	6	2	3	5	6	4	10
C	3	4	2	4	6	4	8	12
D	4	5	2	5	7	5	10	15
E	5	10	3	4	6	10	2	12
F	6	12	4	5	7	12	3	15
G	7	15	5	6	8	15	5	20
	8	20	6					

（4に修正）

完成した LT 計算表は表 3.15, アローダイアグラムは図 3.13 に示します.

表 3.15 LT 計算表(完成版)

作業	NO	LT	i	j	位置	LS	tij	LF
A	1	0	1	2	4	0	4	4
B	2	4	2	3	5	6	4	10
C	3	4	2	4	6	4	8	12
D	4	4	2	5	7	5	10	15
E	5	10	3	4	6	10	2	12
F	6	12	4	5	7	12	3	15
G	7	15	5	6	8	15	5	20
	8	20	6					

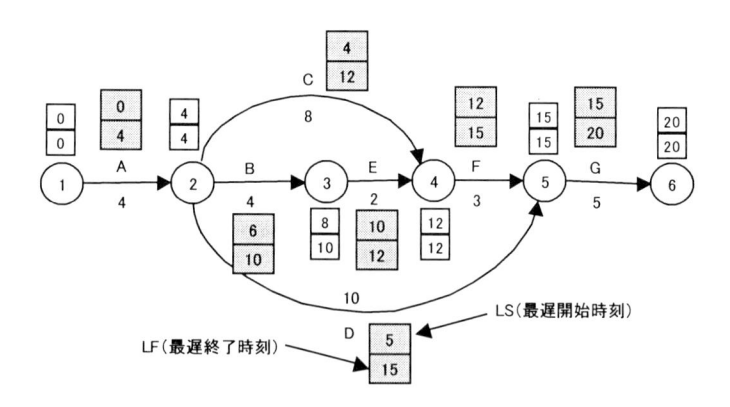

図 3.13 LS と LF を表示したアローダイアグラム

(3) 余裕時間の計算表

ET 計算表 (表 3.8) と LT 計算表 (表 3.15) が出来上がりましたので, 2 種類の余裕時間 (全余裕時間と自由余裕時間) は簡単に求まります.

計算式は以下のようでしたね.

$$\text{全余裕}: \quad TF_{ij} = LF_{ij} - EF_{ij}$$

$$\text{自由余裕}: FF_{ij} = ES_{jk} - EF_{ij}$$

ただし, 作業の流れは $(i,j) \to (j,k)$ とする.

2 つの計算表から計算した余裕時間表は表 3.16 のようになります.

表 3.16 余裕時間計算表

作業	i	j	tij	ES	ES*	EF	LS	LF	TF	FF	
A	1	2	4	0	4	4	0	4	0	0	☆
B	2	3	4	4	8	8	6	10	2	0	
C	2	4	8	4	12	12	4	12	0	0	☆
D	2	5	10	4	15	14	5	15	1	1	
E	3	4	2	8	12	10	10	12	2	2	
F	4	5	3	12	15	15	12	15	0	0	☆
G	5	6	5	15	20	20	15	20	0	0	☆
		6		20							

全余裕 (TF) がゼロの作業の流れがクリティカルパスになります. 表 3.16 ではクリティカルパスの作業に☆印をつけました. また, 表には ES* の列がありますが, この列では自由余裕の計算に必要な後続作業の ES (最早開始時刻) を計算しています.

3.4 Excel 計算表の作り方

(1) ET (最早結合点時刻) 計算表

1) MATCH 関数を用いた終了ノードの位置計算

表 3.17 において, 作業 E(3,4) の開始ノードは 3 です. 終了ノードが 3 の作業 B(2,3) は j の列から探して 2 番目の位置と求まります. このように各作業の終了ノードの位置を j 列から MATCH 関数を用いて求めます (表 3.18).

表 3.17 位置計算のセルの関係

作業	NO	ET	i	j	位置	ES	tij	EF
A	1		1	2			4	
B	2		2	3			4	
C	3		2	4			8	
E	4		3	4	2		2	
D	5		2	5			10	
F	6		4	5			3	
G	7		5	6			5	

(終了ノードが3／開始ノードが3／終了ノードが3の位置は2番目)

表 3.18 MATCH関数のセル範囲

E5セル　G5セル　=MATCH(E5,$F$4:$F$10)

作業	NO	ET	i	j	位置	ES	tij	EF
A	1		1	2	0		4	
B	2		2	3	1		4	
C	3		2	4			8	
E	4		3	4			2	
D	5		2	5			10	
F	6		4	5			3	
G	7		5	6			5	

検索範囲

　まず，NO1の作業Aの位置に0を入力しておきます．($i=1$の作業，つまり開始の作業が複数ある場合は，位置の列の値をすべて0にします．)

　次に，作業Bの開始ノード番号2に対応した終了ノードの位置をMATCH関数で計算します．セル(G5セル)内の式は次のようになります．

　　　式：　　　=MATCH(E5,$F$4:$F$10)
　　　結果：　　1

　作業Bの開始ノードの位置が求まりました．この関係をコピーして他の開始ノードの位置を求めますので，検査範囲を固定しておきます($F$4:$F$10)．G5セルの式を他の位置のセル範囲(G6:G10)にコピーしてすべての位置の番号を求めます(表3.19)．

3.4 Excel 計算表の作り方

表 3.19 終了ノードの位置計算の結果

作業	NO	ET	i	j	位置	ES	tij	EF
A	1		1	2	0		4	
B	2		2	3	1		4	
C	3		2	4	1		8	
E	4		3	4	2		2	
D	5		2	5	1		10	
F	6		4	5	4		3	
G	7		5	6	6		5	

次に ET と EF の関係式を入力しておきます．

$$EF = ES + t_{ij}$$

$$ET = EF$$

入力結果は表 3.20 のようになります．

表 3.20 ET 式と EF 式の入力

作業	NO	ET	i	j	位置	ES	tij	EF
A	1	4	1	2	0		4	4
B	2	4	2	3	1		4	4
C	3	8	2	4	1		8	8
E	4	2	3	4	2		2	2
D	5	10	2	5	1		10	10
F	6	3	4	5	4		3	3
G	7	5	5	6	6		5	5

2) VLOOKUP 関数を用いた ES（最早開始時刻）の計算

まず，作業 B について求めます．作業 A の ES はあらかじめ 0 を入力しておきます（表 3.21）．

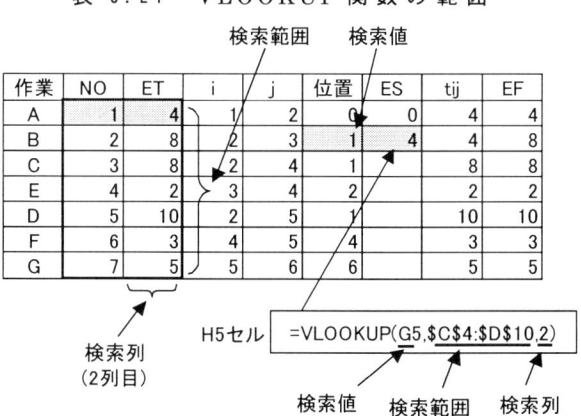

表 3.21 VLOOKUP 関数の範囲

検索範囲　検索値

作業	NO	ET	i	j	位置	ES	tij	EF
A	1	4	1	2	0	0	4	4
B	2	8	2	3	1	4	4	8
C	3	8	2	4	1		8	8
E	4	2	3	4	2		2	2
D	5	10	2	5	1		10	10
F	6	3	4	5	4		3	3
G	7	5	5	6	6		5	5

検索列（2列目）

H5セル　=VLOOKUP(G5,$C$4:$D$10,2)

検索値　検索範囲　検索列

作業 B の ES のセル(例では,H5セル)に入力する式は,

  式　： = VLOOKUP(G5,\$C\$4:\$D\$10,2)

  結　果　： 4

となります.

作業 B(2,3) の開始ノード 2 に対応する終了ノードの位置は 1,つまり作業 A(1,2) ですので,作業 A の ET=4 を VLOOKUP 関数で求めています.つまり,検索範囲の 1 列目に検索値1が見つかりますので,検索列の 2 列目の ET=4 が得られるというわけです.残りの作業の ET を求めるために検索範囲を固定してあります(\$C\$4:\$D\$10).

H5セルを残りの ES の範囲にコピーすることによって表 3.22 が得られます.

表 3.22　ES の計算結果

作業	NO	ET	i	j	位置	ES	tij	EF
A	1	4	1	2	0	0	4	4
B	2	8	2	3	1	4	4	8
C	3	12	2	4	1	4	8	12
E	4	10	3	4	2	8	2	10
D	5	14	2	5	1	4	10	14
F	6	13	4	5	4	10	3	13
G	7	18	5	6	6	13	5	18

3) ET(最早結合点時刻)の修正

ET(最早結合点時刻)は同じ終了ノードをもつ作業の EF(最早終了時刻)の最大値です.例題では,終了ノードが 4 の 2 つの作業,すなわち作業 C(2,4) と作業 E(3,4) の EF はそれぞれ 12,10 ですから,ET は最大値の 12 となります.つまり,作業 E の ET を 10 から 12 へ変更する必要があります(表 3.23).

表 3.23　作業 E の ET の修正

作業	NO	ET	i	j	位置	ES	tij	EF
A	1	4	1	2	0	0	4	4
B	2	8	2	3	1	4	4	8
C	3	12	2	4	1	4	8	12
E	4	10	3	4	2	8	2	10
D	5	14	2	5	1	4	10	14
F	6	13	4	5	4	10	3	13
G	7	18	5	6	6	13	5	18

最大は12

12に修正

変更後は表 3.24 のようになります．この場合は 12 を直接手入力します．作業 E(3,4) の ET が 12 になったので，これに伴い作業 F(4,5) の EF が 15 に変化しています．

次は同じ終了ノードをもつ作業 D(2,5) と作業 F(4,5) ですが，これは EF の最大値が 15 ですから，作業 D の ET を 15 に変更します．

(このように，修正する場合は NO の小さい先発作業から修正します．)

表 3.24　作業 D の ET の修正

作業	NO	ET	i	j	位置	ES	tij	EF
A	1	4	1	2	0	0	4	4
B	2	8	2	3	1	4	4	8
C	3	12	2	4	1	4	8	12
E	4	12	3	4	2	8	2	10
D	5	14	2	5	1	4	10	14
F	6	15	4	5	4	12	3	15
G	7	20	5	6	6	15	5	20

（15に修正）　（最大は15）

最終的な ET(最早結合点時刻) は表 3.25 のようになります．

表 3.25　ET(最早結合点時刻) 計算表

作業	NO	ET	i	j	位置	ES	tij	EF
A	1	4	1	2	0	0	4	4
B	2	8	2	3	1	4	4	8
C	3	12	2	4	1	4	8	12
E	4	12	3	4	2	8	2	10
D	5	15	2	5	1	4	10	14
F	6	15	4	5	3	12	3	15
G	7	20	5	6	5	15	5	20

(2) LT(最遅結合点時刻) の計算

1) MATCH 関数を用いた終了ノードの位置計算

この計算はさきほどの ET の終了ノードと同様に，まず作業 A(1,2) の終了ノード 2 に一致する開始ノード 2 の位置を求めます（表 3.26）．

表 3.26　MATCH関数のセル範囲

F4セル　G4セル　=MATCH(F4,$E$4:$E$11)

作業	NO	LT	i	j	位置	LS	tij	LF
A	1		1	2	4		4	
B	2		2	3			4	
C	3		2	4			8	
D	4		2	5			10	
E	5		3	4			2	
F	6		4	5			3	
G	7		5	6			5	
	8	20	6					

検索範囲

セル（G4セル）内の式は次のようになります．

　　式：　　　=MATCH(F4,$E$4:$E$11)

　　結果：　4

（検索範囲には開始ノード 2 にマッチする箇所が 3 カ所ありますが，MATCH関数はそのうちの最大の位置の番号 4 を返します．）

続いて残りの位置の列の範囲に G4 セルの式をコピーします（表 3.27）．

表 3.27　開始ノードの位置計算の結果

作業	NO	LT	i	j	位置	LS	tij	LF
A	1		1	2	4		4	
B	2		2	3	5		4	
C	3		2	4	6		8	
D	4		2	5	7		10	
E	5		3	4	6		2	
F	6		4	5	7		3	
G	7		5	6	8		5	
	8	20	6					

次に LT と LS の関係式を入力しておきます．

つまり，

　　　LS = LF － t_{ij}

　　　LT = LS

を入力した結果は表 3.28 のようになります．

3.4 Excel 計算表の作り方

表 3.28　LT と LS の式の入力

作業	NO	LT	i	j	位置	LS	tij	LF
A	1	-4	1	2	4	-4	4	
B	2	-4	2	3	5	-4	4	
C	3	-8	2	4	6	-8	8	
D	4	-10	2	5	7	-10	10	
E	5	-2	3	4	6	-2	2	
F	6	-3	4	5	7	-3	3	
G	7	-5	5	6	8	-5	5	
	8	20	6					

2) VLOOKUP 関数を用いた LF(最遅終了時刻)の計算

LF(最遅終了時刻)は最終の作業 G(5,6)から始めます．

作業 G の LF のセル(J10 セル)に入力する式は，

　　　式：　　=VLOOKUP(G10,$C$4:$D$11,2)

　　　結果：　20

となります(表 3.29)．

表 3.29　VLOOKUP 関数のセル範囲

作業	NO	LT	i	j	位置	LS	tij	LF
A	1	-4	1	2	4	-4	4	
B	2	-4	2	3	5	-4	4	
C	3	-8	2	4	6	-8	8	
D	4	-10	2	5	7	-10	10	
E	5	-2	3	4	6	-2	2	
F	6	-3	4	5	7	-3	3	
G	7	15	5	6	8	15	5	20
	8	20	6					

=VLOOKUP(G10,$C$4:$D$11,2)

残りの LF(最遅終了時刻)は，J10 セルの式をコピーして求めます(表 3.30)．

表 3.30　LF の計算結果

作業	NO	LT	i	j	位置	LS	tij	LF
A	1	1	1	2	4	1	4	5
B	2	6	2	3	5	6	4	10
C	3	4	2	4	6	4	8	12
D	4	5	2	5	7	5	10	15
E	5	10	3	4	6	10	2	12
F	6	12	4	5	7	12	3	15
G	7	15	5	6	8	15	5	20
	8	20	6					

3）LT（最遅結合点時刻）の修正

LT（最遅結合点時刻）は同じ開始ノードを持つ作業のLS（最遅開始時刻）の最小値です．作業B，作業C，作業Dの開始ノードが2でLSの最小値は4ですので，作業Bと作業DのLTを4に修正します（表3.31）．

（修正箇所が複数の場合はNOの大きい後発の作業から修正します．）

表 3.31　LF の修正

4に修正

作業	NO	LT	i	j	位置	LS	tij	LF
A	1	1	1	2	4	1	4	5
B	2	6	2	3	5	6	4	10
C	3	4	2	4	6	4	8	12
D	4	5	2	5	7	5	10	15
E	5	10	3	4	6	10	2	12
F	6	12	4	5	7	12	3	15
G	7	15	5	6	8	15	5	20
	8	20	6					

この変更でLT（最遅結合点時刻）の計算は終了しました（表 3.32）．

表 3.32　LF（最遅結合点時刻）計算表

作業	NO	LT	i	j	位置	LS	tij	LF
A	1	0	1	2	4	0	4	4
B	2	4	2	3	5	6	4	10
C	3	4	2	4	6	4	8	12
D	4	4	2	5	7	5	10	15
E	5	10	3	4	6	10	2	12
F	6	12	4	5	7	12	3	15
G	7	15	5	6	8	15	5	20
	8	20	6					

(3) 余裕時間の計算

まず，TF(全余裕)を次式で求めます．

全余裕： $TF_{ij} = LF_{ij} - EF_{ij}$

次に，自由余裕の計算に必要な ES* の計算を説明します(表 3.33)．

自由余裕(FF)は，次の作業の最早開始時刻と当該の作業の最早終了時刻の差ですから，後続作業の最早開始時刻(ES*)を VLOOKUP 関数で求める必要があります．

表 3.33　VLOOKUP 関数のセル範囲

作業	i	j	tij	ES	ES*	EF	LS	LF	TF	FF
A	1	2	4	0	4	4	0	4	0	
B	2	3	4	4		8	6	10	2	
C	2	4	8	4		12	4	12	0	
D	2	5	10	4		14	5	15	1	
E	3	4	2	8		10	10	12	2	
F	4	5	3	12		15	12	15	0	
G	5	6	5	15		20	15	20	0	
	6			20						

G4セル　=VLOOKUP(D4,$C$4:$F$11,4)

残りの ES* はもちろん式のコピーで求めます(表 3.34)．

表 3.34　ES* の計算結果

作業	i	j	tij	ES	ES*	EF	LS	LF	TF	FF
A	1	2	4	0	4	4	0	4	0	
B	2	3	4	4	8	8	6	10	2	
C	2	4	8	4	12	12	4	12	0	
D	2	5	10	4	15	14	5	15	1	
E	3	4	2	8	12	10	10	12	2	
F	4	5	3	12	15	15	12	15	0	
G	5	6	5	15	20	20	15	20	0	
	6			20						

それでは ES* を用いて最後に FF(自由余裕)を求めましょう．

$$FF = ES^* - EF$$

で求めます(表 3.35).

表 3.35 FF の計算結果

作業	i	j	tij	ES	ES*	EF	LS	LF	TF	FF
A	1	2	4	0	4	4	0	4	0	0
B	2	3	4	4	8	8	6	10	2	0
C	2	4	8	4	12	12	4	12	0	0
D	2	5	10	4	15	14	5	15	1	1
E	3	4	2	8	12	10	10	12	2	2
F	4	5	3	12	15	15	12	15	0	0
G	5	6	5	15	20	20	15	20	0	0
		6			20					

これで余裕計算表も完成しました.

TF(全余裕)=0 のパスがクリティカルパスでしたね.

最後に余裕計算表を表示しておきましょう(表 3.36).

表 3.36 余裕時間の計算結果

作業	i	j	tij	ES	ES*	EF	LS	LF	TF	FF	
A	1	2	4	0	4	4	0	4	0	0	☆
B	2	3	4	4	8	8	6	10	2	0	
C	2	4	8	4	12	12	4	12	0	0	☆
D	2	5	10	4	15	14	5	15	1	1	
E	3	4	2	8	12	10	10	12	2	2	
F	4	5	3	12	15	15	12	15	0	0	☆
G	5	6	5	15	20	20	15	20	0	0	☆
		6			20						

演習問題

問題 3.1

あるプロジェクトの作業の先行関係と所要時間は表 3.37 のとおりです. アローダイアグラムを作成し, クリティカルパスを求めなさい. また, 最早結合点時刻, 最遅結合点時刻も計算しなさい.

演 習 問 題

表 3.37 作業表(1)

作業	先行作業	所要日数	作業	先行作業	所要日数
A	なし	3	E	A	7
B	なし	2	F	E	4
C	A	2	G	D,F	4
D	B,C	6	H	E	5

問題 3.2

次のプロジェクトからアローダイアグラムを描き，クリティカルパスを求めなさい．また，PERT 計算表を作成し最早結合点時刻などの値を計算しなさい．（最初にどの部分にダミー作業が必要か考えてください．）

表 3.38 作業表(2)

作業	先行作業	所要日数	作業	先行作業	所要日数
A	なし	2	F	B,C	4
B	なし	4	G	B,C,E	2
C	A	1	H	B,C,E	3
D	A	8	I	D,G	5
E	A	2	J	D,F,G,H	3

問題 3.3

次のプロジェクトからアローダイアグラムを描き，クリティカルパスを求めなさい．また，PERT 計算表を作成し最早結合点時刻などの値を計算しなさい．（最初にどの部分にダミー作業が必要か考えてください．）

表 3.39 作業表(3)

作業	先行作業	所要日数	作業	先行作業	所要日数
A	なし	3	F	C	6
B	A	4	G	C	8
C	A	5	H	D,E	2
D	B,C	7	I	G	3
E	B,C	6	J	F,H,I	2

第4章 在庫管理

🔲 4.1 在庫管理とは

(1) 在庫管理の概要

品物を製造・販売する,あるいはサービスを提供する場合に材料,製品,サービス等をいったい何個・何件用意したらよいか？多すぎると売れ残りの在庫の費用がかかり,少なすぎるといつも品切ればかりでお客さんを失うことになってしまいます.このような損失をなるべく少なくするように在庫をどのように合理的に決定するかを検討する分野が在庫管理です.本書では在庫管理の考え方を紹介した後,代表的な方法について Excel を用いたシミュレーションを実施してモデルの考え方を理解し,その有効性を検討します.

(2) 在庫管理の種類

在庫管理の種類は 1)定期発注法と 2)定量発注法(発注点法)に大別されます.次にこれらの2つの方法の考え方を説明します.

1) 発注点法(定量発注法)

在庫量があらかじめ決められた量(発注点といいます)より少なくなったときに,ある一定量を注文するという方式です.この方式は発注量が一定なので,定量発注法と呼ばれています.入庫してからの需要が少なければ在庫が多く

なり，需要が多ければ在庫が少なめになります．

2) 定期発注法

発注する時期が毎月一定の日に決まっている場合のように，定期的に発注を行う方式です．発注時期が一定なので発注はしやすいのですが，そのつど需要を予測して発注量を決めなくてはいけません．さらに調達期間，納期がかかるときには，その期間の分の需要も考えます．

(3) 例題を用いた検討

それでは例題で定期発注法と定量発注法を考えてみましょう．

例題 1 コンビニの在庫管理

コンビニの HIT&RUN ではある商品を販売するのに仕入方法を検討することになりました．この商品の販売価格は 1000 円，仕入価格は 500 円で，ばらつきはありますが 1 日平均 30 個売れています．現在は単純に毎日 30 個注文しています (ただし，注文は 10 個単位で行います)．しかし，どうも最近品切れしているときが多いようです．この商品は注文してから納入までの納期が 2 日間かかります．また商品を置いておく倉庫は 100 個までしか入りません．店長とアルバイトの学生で話し合った結果，次のような案が提案されました．

- プラン 1： 納期が 2 日なので，単純に在庫が 60 個（平均×2 日分）より小さくなったら 60 個注文したほうが楽でいいのでは．（発注点法）
- プラン 2： プラン 1 を修正し，倉庫には 100 個まで入るので，注文数は 100 個がよい．（発注点法）
- プラン 3： 1 週間の平均を求め，平均×2 日分を基準数として，在庫がこの基準数より小さくなったら（基準数－在庫数）を注文する．（定期発注法）
- プラン 4： 販売個数はばらつくので，プラン 3 の 1 週間平均にプラスα（安全在庫）を加えたら品切れが少なくなるのではないか．（定期発注法）

どのプランにも一長一短がありそうなので，店長からアルバイトの A 君に要請がありました．「君は今大学で在庫管理について勉強しているそうだね．表計算もで

きるそうじゃないか．できれば現状を調査してさらにどのプランが良いか検討してくれないかな．これが過去 10 週間(70 個)の需要データだよ．来週までにお願いできるかな．」というわけで，A君は4つのプランを表計算で検討することになってしまいました．良い検討結果を示すことができたら将来の就職も期待できます．あなたならどのようにアプローチしますか．

表4.1 10週間の需要データ

	1週目	2週目	3週目	4週目	5週目	6週目	7週目	8週目	9週目	10週目
月	22	24	30	38	38	43	46	48	29	38
火	23	55	40	27	26	13	28	6	19	29
水	30	39	28	53	5	29	23	35	2	40
木	37	41	31	33	55	15	33	39	38	48
金	36	16	23	23	34	45	4	37	16	40
土	56	53	45	18	39	48	32	52	33	44
日	41	47	26	35	39	58	44	36	30	43

1) 現状の調査

店長から提供された需要データを調べ，現状の問題点をさぐってみましょう．まず，需要データの基本統計量を計算し(表 4.2)，ヒストグラムを描いてみます(図

表4.2 需要データの基本統計量

基本統計量	
データ数	70
最大値	58
最小値	2
平均	33.8
標準偏差	12.9

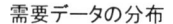

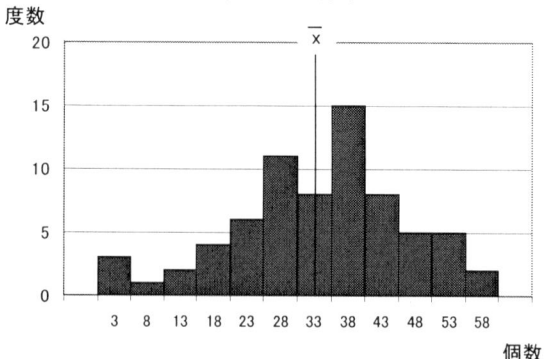

図4.1 需要データのヒストグラム

4.1)．

　需要データから得られた点をまとめます．基本統計量から，従来30個と思われていた需要の平均が33.8に上昇しています．また，最大需要が58，最小需要が2，標準偏差が12.9とばらつきが非常に大きくなっています．ヒストグラムはだいたい正規分布に近くなっていますが，最大の度数の区間(モードといいます)が38で平均値を含む度数と一致していません．もう少し細かい調査が必要のようです．

2) 在庫・発注計算表の作成

　現状の発注の方法で在庫量がどのように変化しているか，品切れは何個発生しているのかを計算する在庫・発注計算表を作成します．まず最初の1週間分の表4.3を見てみましょう．あらかじめこの店では初期の在庫として商品を100個もっていました．販売1日目の月曜日に需要が22個ありましたので，22個販売し，1日目の終わりの在庫は，100−28＝78 個となります．発注量は一定で30個です．ただし，注文してから納入までの納期は2日間です．2日目の火曜日の計算も同様に1日目の在庫数から2日目の需要を引きますので，78−23＝55 が在庫数です．3日目から注意が必要です．3日目には1日目に注文した商品30個が納入されてきますので，これと2日目の在庫数の合計が販売可能な商品の合計です．つまり，

$$3日目の販売可能商品 = 1日目の発注量+2日目の在庫数$$
$$= 30+55 = 85$$

となります．

　一方，3日目の需要は30個ですから，3日目の在庫数は，

$$3日目の在庫数 = 3日目の販売可能数-3日目の需要$$
$$= 85-30 = 55$$

です．表4.3にこの関係を示しました．3日目以降在庫数はこのような関係で計算していきます．7日目までは品切れはありません．

表 4.3　1 週目の在庫計算

			初期在庫	100		
NO	曜日	需要	販売数	在庫数	発注量	品切数
1	月	22	22	78	30	0
2	火	23	23	55	30	0
3	水	30	30	55	30	0
4	木	37	37	48	30	0
5	金	36	36	42	30	0
6	土	56	56	16	30	0
7	日	41	41	5	30	0

3日目の在庫数　55 = 30 + 55 - 30
（1日目の発注量　2日目の在庫数　3日目の需要）

　2 週目はどうでしょうか（表4.4）．2 週目になると在庫切れが発生し，品切れが 5 日も起きています．9 日目の火曜日を見てみます．

　　9 日目の在庫数　＝　9 日目の販売可能数 − 9 日目の需要
　　　　　　　　　　＝　7 日目の発注量 + 8 日目の在庫数 − 9 日目の需要
　　　　　　　　　　＝　30 + 11 − 55 ＝ −14

となり，品切れが 14 個発生しています．つまり，需要は 55 個でしたが，販売数は 41 個，品切れが 14 個という内訳です．

表 4.4　前半 2 週間の在庫計算

			初期在庫	100		
NO	曜日	需要	販売数	在庫数	発注量	品切数
1	月	22	22	78	30	0
2	火	23	23	55	30	0
3	水	30	30	55	30	0
4	木	37	37	48	30	0
5	金	36	36	42	30	0
6	土	56	56	16	30	0
7	日	41	41	5	30	0
8	月	24	24	11	30	0
9	火	55	41	0	30	−14
10	水	39	30	0	30	−9
11	木	41	30	0	30	−11
12	金	16	16	14	30	0
13	土	53	44	0	30	−9
14	日	47	30	0	30	−17

このほか2週目には5日も品切れが発生し,現状の方式では需要に対応できていないことがうかがえます.

それでは同様の方法で10週間のデータの計算を表にまとめてみましょう.ここでは後半の9,10週目の計算部分を示します(表4.5).

表4.5 後半2週間の在庫計算

NO	曜日	需要	販売数	在庫数	発注量	品切数
57	月	29	29	1	30	0
58	火	19	19	12	30	0
59	水	2	2	40	30	0
60	木	38	38	32	30	0
61	金	16	16	46	30	0
62	土	33	33	43	30	0
63	日	30	30	43	30	0
64	月	38	38	35	30	0
65	火	29	29	36	30	0
66	水	40	40	26	30	0
67	木	48	48	8	30	0
68	金	40	38	0	30	-2
69	土	44	30	0	30	-14
70	日	43	30	0	30	-13
合計		2369	2140	1008	2100	-229

この結果,販売数合計 2140 個,品切数合計 229 個という数値が得られました.

全体の結果を表4.6に示します.

表4.6 現状方法のまとめ

総需要	2369
品切数	229
期末在庫	0
販売数	2140
売上高	2,140,000
損失金額	114,500

品切数が 229 個もあり,毎日の発注量の 30 個では需要の変化に対応できていないようです.品切数は 229 個で販売数の 11%もあり,品切損失の金額は 114,500 円にも達しています.(1 個当りの損失金額は仕入価格と同額の 500 円としました.)

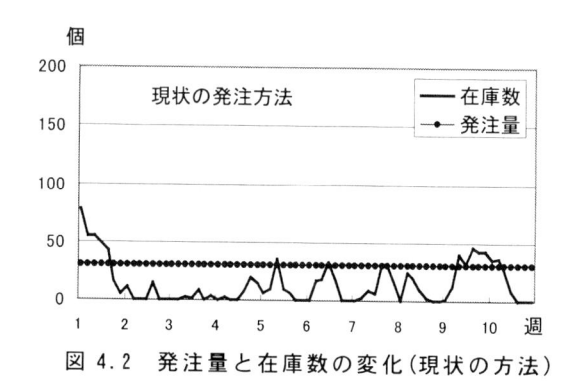

図 4.2 発注量と在庫数の変化（現状の方法）

図 4.2 に在庫数と発注量の関係を図示しました．このグラフでも在庫の水準が低い様子は明らかです．これでは需要の変化が大きいとすぐに品切れになってしまいます．発注方法の見直しが必要ですね．

3) プラン 1 の検討

プラン 1 は，在庫が 60 個（平均需要×納期＝30×2）より小さくなったら，60 個を注文する，という内容です．

つまり，

　　　　発注点＝60 個
　　　　発注量＝60 個

というシンプルなもので，計算もありませんので，誰でも発注できます．

このプラン1の在庫計算を 1 週間分やってみましょう（表 4.7）．

表 4.7　1 週目の在庫計算（プラン 1）

		初期在庫	100	発注点 60	発注量 60
NO	曜日	需要	販売数	在庫量	発注量	品切数
1	月	22	22	78	0	0
2	火	23	23	55	60	0
3	水	30	30	25	60	0
4	木	37	37	48	60	0
5	金	36	36	72	0	0
6	土	56	56	76	0	0
7	日	41	41	35	60	0

4.1 在庫管理とは

1週間のうち在庫が発注点より小さくなったのが4日ありますので，60個を4回発注しています．他の3日は在庫が十分ありますので，発注の必要はありません．品切れもなく順調のようです．2週間分を計算してみましょう(表4.8)．

表4.8 前半2週間の在庫計算(プラン1)

			初期在庫	100	発注点 60	発注量 60
NO	曜日	需要	販売数	在庫量	発注量	品切数
1	月	22	22	78	0	0
2	火	23	23	55	60	0
3	水	30	30	25	60	0
4	木	37	37	48	60	0
5	金	36	36	72	0	0
6	土	56	56	76	0	0
7	日	41	41	35	60	0
8	月	24	24	11	60	0
9	火	55	55	16	60	0
10	水	39	39	37	60	0
11	木	41	41	56	60	0
12	金	16	16	100	0	0
13	土	53	53	107	0	0
14	日	47	47	60	0	0

2週間の状況もいいようです．60個を8回発注し，6日は発注なし，品切れは1回もありません．

それでは全10週間のデータについて在庫計算をしてみましょう(表4.9)．ここでは後半の2週間を表示します．(全計算表は4.3節を参照してください．)

表4.9 後半2週間の在庫計算(プラン1)

NO	曜日	需要	販売数	在庫量	発注量	品切数
57	月	29	29	31	60	0
58	火	19	19	72	0	0
59	水	2	2	130	0	0
60	木	38	38	92	0	0
61	金	16	16	76	0	0
62	土	33	33	43	60	0
63	日	30	30	13	60	0
64	月	38	38	35	60	0
65	火	29	29	66	0	0
66	水	40	40	86	0	0
67	木	48	48	38	60	0
68	金	40	38	0	60	-2
69	土	44	44	16	60	0
70	日	43	43	33	60	0
合計		2369	2287	3778	2340	-82

後半2週間では品切数が2個,合計でも品切数は82個です.現状の方法による品切数は229個でしたから,大幅に減少しました.結果を表4.10と図4.3にまとめます.

表 4.10 現状とプラン1の比較

	現状	発注点	現状との差
総需要	2369	2369	
品切数	229	82	-147
期末在庫	0	33	33
販売数	2140	2287	147
売上高	2,140,000	2,287,000	147,000
損失金額	114,500	41,000	-73,500

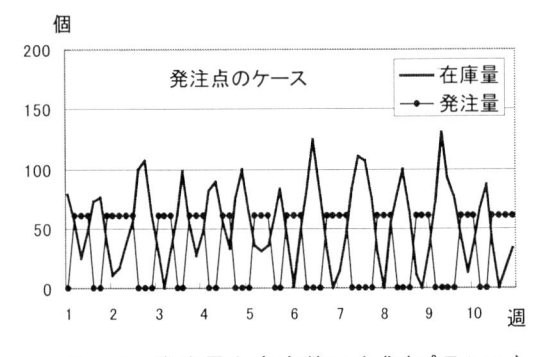

図 4.3 発注量と在庫数の変化(プラン1)

　現状の方法と比較しますと,品切個数が147個減少,これに伴って売上個数が147個,売上高が147,000円増加,損失は73,500円減少しています.発注量と在庫量の変化のグラフを見ても,在庫の変化に発注がうまく対応している様子がよくわかりますね.60個という発注点を取り入れた方法でこんなに改善されました.

　それでは他のプランも検討していきましょう.

4) プラン2の検討

　次はプラン2を検討します.これはプラン1を少し修正し,在庫が60より小さくなったら,倉庫に入る最大量の100個注文するという方法です.

　つまり,

4.1 在庫管理とは

発注点＝60

発注量＝100

となります．

プラン2は，プラン1ができていますからすぐできますね．さっそく1,2週目を計算してみましょう(表4.11)．

表4.11 前半2週間の在庫計算(プラン2)

NO	曜日	需要	販売数	在庫量	発注量	品切数
			初期在庫	100	発注点 60	発注量 100
1	月	22	22	78	0	0
2	火	23	23	55	100	0
3	水	30	30	25	100	0
4	木	37	37	88	0	0
5	金	36	36	152	0	0
6	土	56	56	96	0	0
7	日	41	41	55	100	0
8	月	24	24	31	100	0
9	火	55	55	76	0	0
10	水	39	39	137	0	0
11	木	41	41	96	0	0
12	金	16	16	80	0	0
13	土	53	53	27	100	0
14	日	47	27	0	100	-20

最初の2週間で品切れが20個です．プラン1は2週間でゼロでしたから，プラン1よりは多いですが，現状に比べては減っています．全体を見てみましょう(表4.12)．

表4.12 後半2週間の在庫計算(プラン2)

NO	曜日	需要	販売数	在庫量	発注量	品切数
57	月	29	29	82	0	0
58	火	19	19	163	0	0
59	水	2	2	161	0	0
60	木	38	38	123	0	0
61	金	16	16	107	0	0
62	土	33	33	74	0	0
63	日	30	30	44	100	0
64	月	38	38	6	100	0
65	火	29	29	77	0	0
66	水	40	40	137	0	0
67	木	48	48	89	0	0
68	金	40	40	49	100	0
69	土	44	44	5	100	0
70	日	43	43	62	0	0
合計		2369	2338	5371	2400	-31

全体では品切数が 31 個とプラン 1 より少なくなりました．他の数値はどうでしょうか（表 4.13, 図 4.4）．

表 4.13　現状とプラン 2 の比較

	現状	最大在庫	現状との差
総需要	2369	2369	
品切数	229	31	-198
期末在庫	0	62	62
販売数	2140	2338	198
売上高	2,140,000	2,338,000	198,000
損失金額	114,500	15,500	-99,000

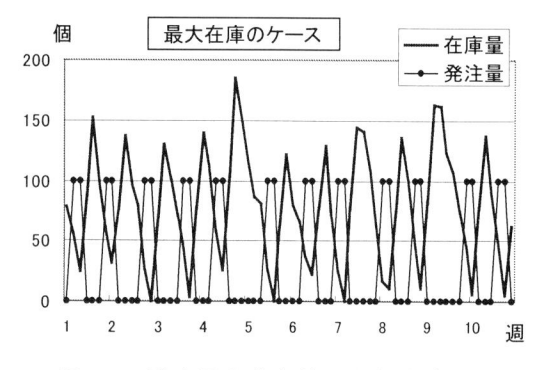

図 4.4　発注量と在庫数の変化（プラン 2 ）

何と売上数で 198 個，売上高が 198,000 円増加しました．損失金額も 99,000 円少なくなっています．プラン 1 より良い結果が得られました．図 4.4 を見ると，一度に 100 個注文すると在庫に余裕があり，品切回数はわずかに 3 回（個数は 31 個）であることがわかります．

それでは，プラン 3 を検討しましょう．統計量（平均）を使いますから，プラン 2 より良い結果が得られそうですね．

5) プラン 3 の検討

プラン 3 は，1 週間平均の需要数 × 2（納期）を基準値として，在庫がこの基準値より小さくなったら，（基準値 − 在庫）を注文する，という案です．プラン 3 を式で書くと，

4.1 在庫管理とは

基準値 = 1週間の平均需要×2

基準値 > 在庫数 → （基準値−在庫）を10単位に切り上げて発注

基準値 <= 在庫数 → 0（発注しない）

このプランの検討のためには平均を計算する必要があります．Excel の AVERAGE 関数を使えば簡単ですね．プラン3も最初の2週間をまず計算してみましょう（表4.14）．

まず，7日間の平均を求めますが，6日目まではデータが7個ありませんので，その日数までの平均にしました．つまり，3日目は3日間の平均，6日目は6日間の平均です．平均のとなりの列の s* が基準値，つまり平均×2の値です．この s* が在庫数より大きくなったら（基準値−在庫数）個を 10 個単位に切り上げて注文します．

表4.14 1週目の在庫計算（プラン3）

				初期在庫	100			
NO	曜日	需要	販売数	平均	s*	在庫数	発注量	品切数
1	月	22	22	22.0	44.0	78	0	0
2	火	23	23	22.5	45.0	55	0	0
3	水	30	30	25.0	50.0	25	30	0
4	木	37	25	28.0	56.0	0	60	−12
5	金	36	30	29.6	59.2	0	60	−6
6	土	56	56	34.0	68.0	4	70	0
7	日	41	41	35.0	70.0	23	50	0
8	月	24	24	35.3	70.6	69	10	0
9	火	55	55	39.9	79.7	64	20	0
10	水	39	39	41.1	82.3	35	50	0
11	木	41	41	41.7	83.4	14	70	0
12	金	16	16	38.9	77.7	48	30	0
13	土	53	53	38.4	76.9	65	20	0
14	日	47	47	39.3	78.6	48	40	0

3日目の発注量の計算をしてみましょう．3日間の需要の平均は 25.0 です．この2倍が s* です．つまり，s*=50.0 となります．3日目の在庫は25で，s*=50.0 > 在庫=25 です．そこで，s*−在庫=50−25=25 個を注文しますが，10 の位に切り上げて 30 個発注することになります（Excel では CEILING 関数を用います）．このような方法で表4.14を計算していきます．4日目と5日目は在庫がなく品切状態ですが，それぞれ，

4日目: 56.0 → 60

5日目: 59.2 → 60

というように切り上げて発注しています．

最初の2週間で品切れが2回，18個とだいたいプラン1,2と同じくらいの結果ですね．

全体ではどうでしょうか(表4.15)．

表4.15 後半2週間の在庫計算(プラン3)

NO	曜日	需要	販売数	平均	s*	在庫数	発注量	品切数
57	月	29	29	33.4	66.9	65	10	0
58	火	19	19	35.3	70.6	106	0	0
59	水	2	2	30.6	61.1	114	0	0
60	木	38	38	30.4	60.9	76	0	0
61	金	16	16	27.4	54.9	60	0	0
62	土	33	33	24.7	49.4	27	30	0
63	日	30	27	23.9	47.7	0	50	-3
64	月	38	30	25.1	50.3	0	60	-8
65	火	29	29	26.6	53.1	21	40	0
66	水	40	40	32.0	64.0	41	30	0
67	木	48	48	33.4	66.9	33	40	0
68	金	40	40	36.9	73.7	23	60	0
69	土	44	44	38.4	76.9	19	60	0
70	日	43	43	40.3	80.6	36	50	0
合計		2369	2234	2316		2948	2280	-135

計算の結果，品切れの合計が135個と現状の229個より，94個少なくなっていますが，プラン1,2には及びません．結果を表4.16にまとめました．

表4.16 現状とプラン3の比較

	現状	平均	現状との差
総需要	2369	2369	
品切数	229	135	-94
期末在庫	0	36	36
販売数	2140	2234	94
売上高	2,140,000	2,234,000	94,000
損失金額	114,500	67,500	-47,000

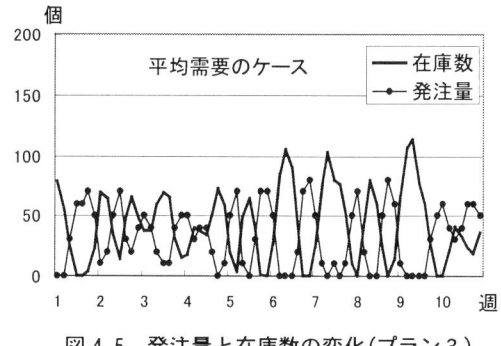

図4.5　発注量と在庫数の変化（プラン3）

図4.5 でもわかりますが，発注が需要の変化にある程度対応して変化していますね．しかし，発注量が十分ではなく品切個数が多くなっています．

6）プラン4の検討

プラン4では平均に加えてばらつき（標準偏差）を考慮して基準値を求め発注量を決めるという統計的な考え方を取り入れています．基準値は次のような式で求めます．

　　　基準値＝1週間の平均需要×2日分＋$\sqrt{2}$ ×s×安全係数
　　　　s ： 標準偏差（7日間），安全係数＝1.65（95％）

ここで，「$\sqrt{2}$ ×s×安全係数」を安全在庫と呼びます．

このプラン4は，需要の2日分＋安全在庫を基準値として，基準値より在庫が少なくなった場合は，基準値－在庫を発注するという考え方です．安全在庫には2日分のばらつき，つまり標準偏差を考慮しています．さらに，安全係数として95％の信頼率をもつ1.65を掛けています．

式で表すと，

　　　基準値 ＝ 平均×2＋$\sqrt{2}$ ×標準偏差×1.65
　　　基準値 ＞ 在庫数 → （基準値－在庫）を10個単位に切り上げて注文
　　　基準値 <= 在庫数 → 0（注文しない）

となります．

さっそくプラン 4 の有効性を検討していきましょう. 前半の 2 週間の在庫計算を表 4.17 に示します.

表 4.17 前半 2 週間の在庫計算（プラン 4）

NO	曜日	需要	販売数	平均	s*	初期在庫 100 在庫数	発注量	品切数
1	月	22	22	22.0	44.0	78	0	0
2	火	23	23	22.5	46.7	55	0	0
3	水	30	30	25.0	60.2	25	40	0
4	木	37	25	28.0	72.3	0	80	-12
5	金	36	36	29.6	75.6	4	80	0
6	土	56	56	34.0	97.1	28	70	0
7	日	41	41	35.0	97.3	67	40	0
8	月	24	24	35.3	97.0	113	0	0
9	火	55	55	39.9	107.7	98	10	0
10	水	39	39	41.1	108.5	59	50	0
11	木	41	41	41.7	109.3	28	90	0
12	金	16	16	38.9	112.2	62	60	0
13	土	53	53	38.4	110.0	99	20	0
14	日	47	47	39.3	112.6	112	10	0

最初に 7 日目の発注量の計算をしてみましょう.

7 日目までの 7 日間の平均, 標準偏差, さらに安全在庫は,

$$
\begin{aligned}
\text{平均} \quad &= \sum_{i=1}^{7} x_i / 7 \quad \text{ただし, } x_i \text{は} i \text{日目の需要} \\
&= 245/7 \\
&= 35.0
\end{aligned}
$$

$$
\begin{aligned}
\text{標準偏差} \quad s &= \sqrt{\sum_{i=1}^{7}(x_i - \overline{x})^2/6} = \sqrt{820.0/6} \\
&= 11.69
\end{aligned}
$$

$$
\begin{aligned}
\text{安全在庫} &= \sqrt{2} \times s \times 1.65 \\
&= \sqrt{2} \times 11.69 \times 1.65 \\
&= 27.3
\end{aligned}
$$

$$
\begin{aligned}
\text{基準値} \quad s^* &= 2 \times \text{平均} + \text{安全在庫} \\
&= 2 \times 35.0 + 27.3
\end{aligned}
$$

4.1 在庫管理とは

$$= 97.3$$

と計算されます.

7 日目の在庫数は 67 個で,基準値 s*=97.3 より少ないので,

$$97.3 - 67 = 30.3 \rightarrow 40 \text{ 個}$$

が発注量となります.

品切数はどうでしょう.

品切回数は 1 回,品切個数は 12 個と現状より大きく減少し,プラン 1, 2 と同程度です.全データで検討してみましょう(表 4.18).

表 4.18 後半 2 週間の在庫計算(プラン 4)

NO	曜日	需要	販売数	平均	s*	在庫数	発注量	品切数
57	月	29	29	33	99.4	78	30	0
58	火	19	19	35	93.9	149	0	0
59	水	2	2	31	98.7	177	0	0
60	木	38	38	30	98.2	139	0	0
61	金	16	16	27	93.4	123	0	0
62	土	33	33	25	79.8	90	0	0
63	日	30	30	24	76.5	60	20	0
64	月	38	38	25	81.5	22	60	0
65	火	29	29	27	83.8	13	80	0
66	水	40	40	32	83.2	33	60	0
67	木	48	48	33	90.4	65	30	0
68	金	40	40	37	89.3	85	10	0
69	土	44	44	38	93.0	71	30	0
70	日	43	43	40	94.5	38	60	0
合計		2369	2352			5075	2380	-17

全品切数が 17 個と一番良い結果が得られています.計算結果のまとめ(表 4.19)と在庫の推移のグラフ(図 4.6)もチェックしてみましょう.

表 4.19 現状とプラン 4 の比較

	現状	安全在庫	現状との差
総需要	2369	2369	
品切数	229	17	-212
期末在庫	0	38	38
販売数	2140	2352	212
売上高	2,140,000	2,352,000	212,000
損失金額	114,500	8,500	-106,000

現状の方法と比較すると,品切数が 212 個減少,販売数が 212 個,売上高も 212,000 円増加し,すばらしく改善されています.在庫と発注量のグラフを見ても,

在庫の変動に対応して発注量が変化している様子が非常によく表れています.

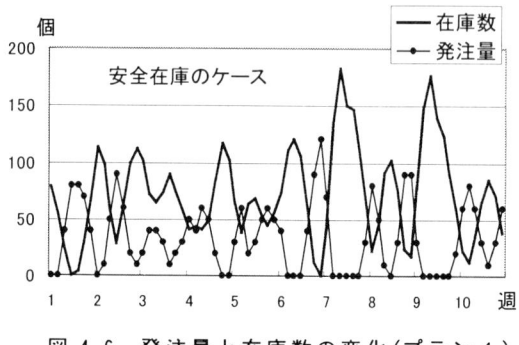

図 4.6 発注量と在庫数の変化(プラン4)

7) 全プランの比較

現状の方法と提案された4つのプランを10週間の需要データを用いて検討してきました.すべての方法を比較するために表4.20と図4.7にまとめます.

表 4.20 現状と全プランの比較

	現状	プラン1 発注点	プラン2 最大在庫	プラン3 平均	プラン4 安全在庫
総需要	2369	2369	2369	2369	2369
品切数	229	82	31	135	17
期末在庫	0	33	62	36	38
販売数	2140	2287	2338	2234	2352
売上高	2,140,000	2,287,000	2,338,000	2,234,000	2,352,000
損失金額	114,500	41,000	15,500	67,500	8,500

すべてのプランが現状の方法より良くなっていますが,プラン2(最大在庫を発注)とプラン4(安全在庫を考慮)が優れているようです.

4.2 シミュレーションによる検討

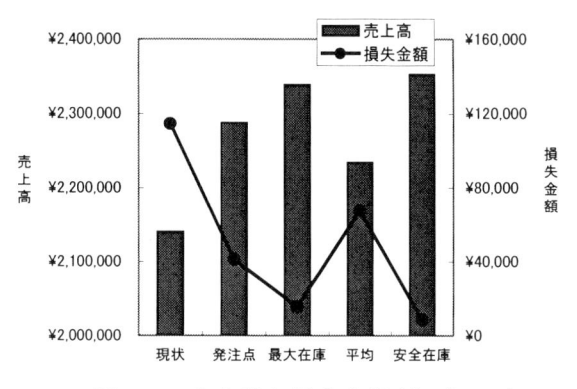

図4.7 売上高と損失金額(全プラン)

　図4.7を見ると，安全在庫のケースが売上高が一番高く損失金額も一番低くなっていますが，発注点と最大在庫もそんなに差がありません．はたしてこの結果だけで安全在庫を考慮した場合が良いと言えるでしょうか．これはたった一組の需要データだけの結果です．需要データが変化したらほんとうに同じ結果が得られるでしょうか．次はいろいろな需要データでこの結果どおりになるかシミュレーションで検討してみましょう．

4.2　シミュレーションによる検討

(1) モンテカルロ・シミュレーション

例題2　最適プランの検討

　前節までの検討で結果が良かった3つのプラン(発注点，最大在庫，安全在庫)に現状の方法も加え，シミュレーションによって検討してみましょう．シミュレーションの中でも乱数を用いて検討する"モンテカルロ・シミュレーション"を適用します．Excelでは乱数発生のツールも用意されていますから，モンテカルロ・シミュレーションも簡単に実施できます．

　それでは，最初にシミュレーション用の乱数を作成しましょう．需要データのグラフ(図4.1)を見るとだいたい正規分布をしているようですので，正規分布の乱数

を用います.正規分布に従う乱数を作るためには,平均と標準偏差が必要ですが,需要データの統計量は表 4.2 で計算されています.すなわち,

　　平均＝33.8

　　標準偏差＝12.9

でしたね.

シミュレーションでは,平均＝34,標準偏差＝13 の正規乱数を 70 個(10 週間分)用いることにしましょう.

表 4.21　作成された需要データ(正規乱数)

	1週目	2週目	3週目	4週目	5週目	6週目	7週目	8週目	9週目	10週目
月	29	41	30	37	25	25	38	54	23	48
火	42	25	39	46	51	38	20	51	24	41
水	27	47	42	31	44	35	42	30	32	16
木	42	13	52	29	1	28	37	59	52	26
金	53	7	32	34	35	18	35	25	43	42
土	16	30	43	24	15	34	42	45	37	34
日	45	45	30	38	35	32	33	13	4	28

表 4.22　需要データの基本統計量(正規乱数)

基本統計量	
データ数	70
最大値	59
最小値	1
平均	33.7
標準偏差	12.2

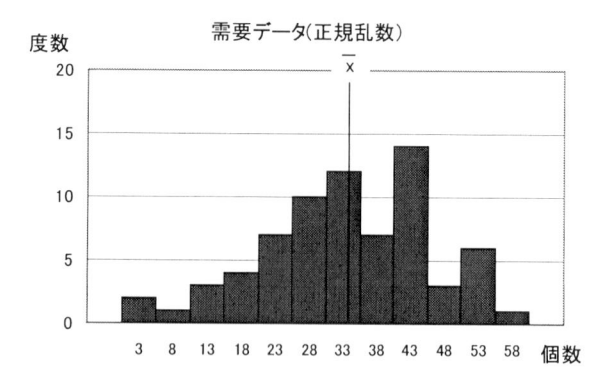

図 4.8　需要データのヒストグラム (正規乱数)

4.3 Excel計算表の作り方

Excelの分析ツールの中の乱数発生ツールを用いて作成した70個の需要データ(表4.21)と統計量(表4.22)さらにヒストグラム(図4.8)を示します．作成された需要データの平均は33.7，標準偏差は12.2でヒストグラム形状も適当にばらついています．

この需要データを使用して発注・在庫計算をした結果が表4.23です．

表4.23 1回目のシミュレーションの結果

	現状	プラン1 発注点	プラン2 最大在庫	プラン4 安全在庫
総需要	2359	2359	2359	2359
品切数	223	26	37	0
期末在庫	4	47	78	71
販売数	2232	2386	2344	2388
売上高	2,232,000	2,386,000	2,344,000	2,388,000
損失金額	111,500	13,000	18,500	0

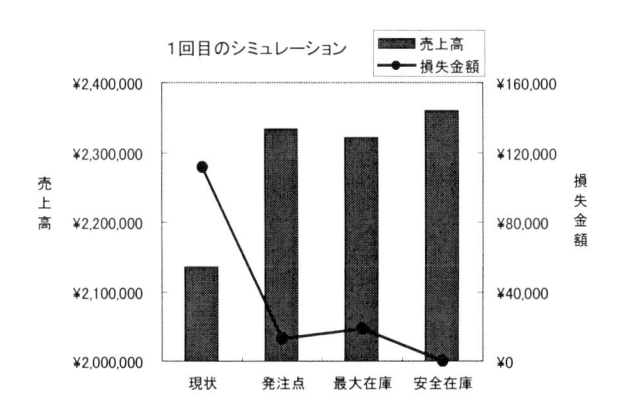

図4.9 売上高と損失金額(1回目)

1回目のシミュレーションではプラン1(発注点)とプラン4(安全在庫)がいいようですね(図4.9)．

このように乱数作成ツールを利用して需要データを10組作成して，シミュレーションを10回実施してみましょう．10回の結果を図4.10に示します．

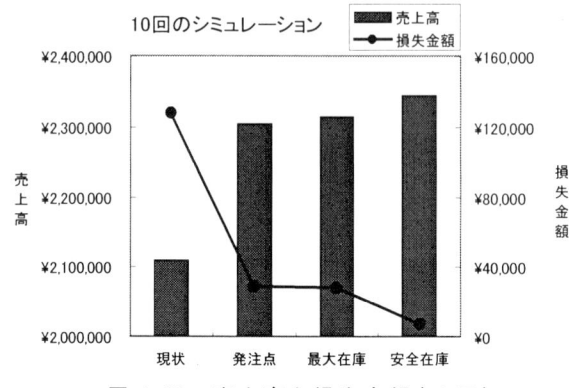

図 4.10　売上高と損失金額（10 回）

10 回の結果では，プラン 1，プラン 2，プラン 4 の売上高に差があまりありません．品切れによる損失金額は安全在庫が低いようです．でもまだシミュレーションは 10 回しかやっていません．

100 回ではどうでしょうか？

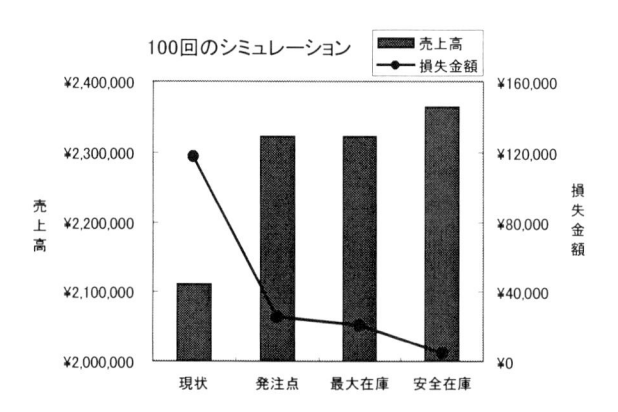

図 4.11　売上高と損失金額（100 回）

100 回でも状況は変わりません（図 4.11）．プラン 4（安全在庫）がいいですね．シミュレーションを一気に 1000 回にしてみましょう．

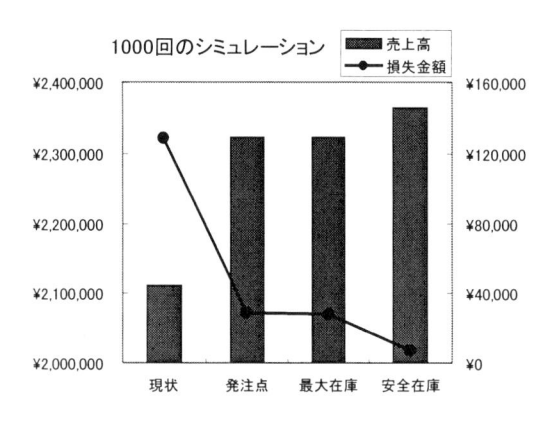

図 4.12　売上高と損失金額（1000 回）

1000 回でもほとんど変わりませんね（図 4.12）．全シミュレーションの数値をまとめました（表 4.24, 表 4.25）．

表4.24　売上高のシミュレーション回数による変化

	現状	発注点	最大在庫	安全在庫
10回	2,107,600	2,303,900	2,313,100	2,344,400
100回	2,110,600	2,320,800	2,322,400	2,363,000
500回	2,110,500	2,321,300	2,322,500	2,364,300
1000回	2,110,300	2,321,400	2,322,500	2,364,400

表4.25　損失金額のシミュレーション回数による変化

	現状	発注点	最大在庫	安全在庫
10回	117,600	25,450	20,850	5,200
100回	127,650	28,555	27,750	7,425
500回	128,658	29,106	28,471	7,590
1000回	128,760	29,104	28,539	7,578

(2) シミュレーション結果のまとめ

1000 回のシミュレーションによって，売上高はプラン 1, プラン 2 でおよそ 232 万円，プラン 4 で 236 万円，損失金額はプラン 1, プラン 2 で約 3 万円，プラン 4 で約 8 千円という結果が得られました．統計的な考え方を導入して安全在庫を考慮したプラン 4 が良いという結論が出せそうです．でも「在庫が 60 より小さくなった

ら60個を注文する.」というプラン1のシンプルな発注点法も捨て難いですね.それでは,検討結果を店長に報告しましょう.

発注方法の検討結果

(1) 需要データの解析

　需要データの基本統計量の結果から,従来30個と思われてきた需要の平均が約34個に増加している.また標準偏差が約13個でばらつきが大きい.まだ未解析であるが週末の需要が多いように思われる.さらに,最大需要が58個,最小の需要が2個と差が非常に大きいので,どのような理由で売れたり売れなかったりするのかを明らかにする必要がある.ヒストグラムを描いてみると,最大の度数の区間(販売数)は38個である.この理由も解明すべきである.(表4.2,図4.1)

(2) 現状の発注方法の問題点

　現状の発注方法,つまり毎日30個発注する方法は,70日間中品切回数(日数)が21回,品切個数が229個と大きく,売上数(2140個)の11%を占めている(表4.6).また,品切れによる損失金額は114,500円に達し,これは売上金額(214万円)の5%に相当する.つまり,70日間のうち30%に当たる21日間は品切れが発生しており,お客さんが他店に流れる可能性が大きい.さらに,品切個数,損失金額も多く,現状方法によるロスは非常に大きいので早急な改善が望まれる.

(3) 提案されたプランの比較

1) 現状の需要データに適用した結果

　プラン1からプラン4を現状の需要データに当てはめて検討した結果,プラン2(最大在庫を発注する方法)とプラン4(安全在庫を考慮する方法)が優れている結果が得られた(表4.20).つまり,一番良いプラン4は,販売数2352個,品切数17個,損失金額8,500円,次はプラン2で販売数2338個,品切数31個,損失金額15,500円という結果である.しかし,この結果

は70個の需要データのみに適用した結果であり,実際の需要データはもっと大きく変動するので,同じ結果を得られる保証はないと考えられる.

2) シミュレーションによる検討

いろいろな需要データで各プランの優劣を検討するために,乱数を用いたシミュレーション,つまりモンテカルロ・シミュレーションを実施した(表 4.24,表 4.25).検討対象の方法は,1)現状の方法,2)プラン 1,3)プラン 2,4)プラン 4 の 4 つの方法である.1000 回のシミュレーションの結果,最も優れた方法は,プラン 4 で売上高が約 236 万円,品切れによる損失金額は約 8000 円程度であることが期待される.残りのプラン 1 とプラン 2 は同程度の性能である.2 つのプランは,売上高が約 232 万円,損失金額は約 3 万円である.

(4) 推奨する方法

以上の検討結果から,プラン 4(安全在庫を考慮する方法)が一番良い方法であるので,このプラン 4 を新しい発注方法として提案する.

平成 14 年 4 月 1 日　工大太郎

4.3　Excel 計算表の作り方

(1) 現状の方法の販売数と在庫数の計算

在庫計算表を作成する際の在庫数の計算方法を説明します.ある 1 日の在庫数は,販売可能数,つまり 2 日前の発注数＋前日の在庫数,から需要量を引いた値になります.販売可能数が需要より少ないときは,販売数は販売可能数と等しく,在庫はゼロで,需要から販売可能数を引いた値が品切個数となります.まとめて書くと,

第4章 在庫管理

販売可能数 ＝ 2日前の発注数＋前日の在庫数

販売可能数 ＞ 需要 → $\begin{cases} 販売数＝需要 \\ 在庫数＝販売可能数－需要 \\ 品切数＝0 \end{cases}$

販売可能数 ＜＝ 需要 → $\begin{cases} 販売数＝販売可能数 \\ 在庫数＝0 \\ 品切数＝販売可能数－需要 \end{cases}$

となります．

ExcelではこのIF関係をIF関数を用いて表します．IF関数を用いて在庫数を計算している部分を現状方法の在庫計算表を例にとって説明します(表4.26)．

表4.26 販売数，在庫数，品切数の計算

3日目の需要　　2日目の在庫数　　1日目の発注量

		初期在庫	100		
NO	曜日	需要	販売数	在庫数	発注量	品切数
1	月	22	22	78	30	0
2	火	23	23	55	30	0
3	水	30	30	55	30	0
4	木	37	37	48	30	0
5	金	36	36	42	30	0
6	土	56	56	16	30	0
7	日	41	41	5	30	0

E6セル：販売数の計算　　　　H6セル：品切数の計算
=IF(G4+F5>D6,D6,G4+F5)　　　=E6-D6

F6セル：在庫数の計算
=IF(G4+F5>D6,G4+F5-D6,0)

販売数の計算式(E6セル)の意味は，もし3日目の販売可能数(G4セル＋F5セル)が需要(D6セル)より大きければ，販売数は需要(D6セル)に等しく，そうでなければ販売可能数(G4セル＋F5セル)に等しい，ということです．同様に，在庫数では，もし3日目の販売可能数(G4セル＋F5セル)が需要(D6セル)より大きけれ

ば，在庫数は(販売可能数−需要)に等しく，そうでなければ在庫はゼロとなります．また，品切数は(販売数−需要)で計算されます．需要が販売数より小さい場合は品切数がマイナスの値で計算されます．表 4.26 のように式を入力した後，この式を残りの販売数，在庫数，品切数のセルにコピーします．式のコピーで一瞬で在庫計算が完成します．こんなとき表計算の威力を実感しますね．(完成した表は，表 4.38〜表 4.42 を参照してください．) 需要，販売数，在庫数の関係は他のプランでも変わりませんので，同じ考え方で計算できます．

(2) プラン1とプラン2の発注量の計算

プラン 1 の発注点法は，在庫が 60 より小さくなったら，60 個を発注するという方法です．販売数，在庫数の計算は現状の方法の場合と同じですが，発注量の計算には IF 関数が必要です．計算例を表 4.27 に示します．

表 4.27 発注量の計算(プラン 1)

				初期在庫	100	発注点 60	発注量 60
NO	曜日	需要	販売数	在庫量	発注量	品切数	
1	月	22	22	78	0	0	
2	火	23	23	55	60	0	
3	水	30	30	25	60	0	
4	木	37	37	48	60	0	
5	金	36	36	72	0	0	
6	土	56	56	76	0	0	

G4セル：発注量の計算

=IF(F4<$G$2,$H$2,0)

1日目の在庫量＝78
発注点＝60
発注量＝60

1日目の発注量を計算してみましょう．

1 日目の在庫量(F4 セル)は 78 個ですから，発注点(G2 セル)の 60 個より多いので，発注量は 0 となります．発注点の G2 セルと発注量の H2 セルは，式のコ

ピーで変化しないように固定してあります.1日目の在庫量のセルにIF関数を利用した式を入力した後,このセルを残りの在庫量のセルにコピーします.2日目はどうでしょうか.2日目の在庫量(F5セル)は55個ですから,発注点の60個より少ないので,発注量(H2セル)の60個を注文します.

プラン2は,プラン1の発注量を60個から100個に変更した方法ですから,発注量のセル(H2セル)を100に変更します.そうすると1日目から100日目までの発注量のセルが自動的に更新されます.7日目までの計算表を表4.28に示します.

表 4.28 プラン2の計算

		初期在庫		100	発注点 60	発注量 100
NO	曜日	需要	販売数	在庫量	発注量	品切数
1	月	22	22	78	0	0
2	火	23	23	55	100	0
3	水	30	30	25	100	0
4	木	37	37	88	0	0
5	金	36	36	152	0	0
6	土	56	56	96	0	0
7	日	41	41	55	100	0

(3) プラン3の発注量の計算

プラン3は平均の2倍を基準値として,この基準値より在庫が少ない場合は,(基準値-在庫)個を10個単位に切り上げて発注するという方法です.この計算のためには平均を計算する必要がありますが,これはAVERAGE関数を用います.また,発注量の(基準値-在庫)の値を切り上げる必要がありますが,切り上げるにはCEILING関数を使用します.7日目の平均と基準値の計算例を表4.29に示します.(6日目まではデータ数が7個ありませんので,計算する日までの平均を計算します.)

4.3 Excel計算表の作り方

表 4.29 プラン 3 の平均と基準値 (s*) の計算

NO	曜日	需要	販売数	平均	s*	在庫数	発注量	品切数
				初期在庫	100			
1	月	22	22	22.0	44.0	78	0	0
2	火	23	23	22.5	45.0	55	0	0
3	水	30	30	25.0	50.0	25	30	0
4	木	37	25	28.0	56.0	0	60	-12
5	金	36	30	29.6	59.2	0	60	-6
6	土	56	56	34.0	68.0	4	70	0
7	日	41	41	35.0	70.0	23	50	0

F10セル：平均の計算
=AVERAGE(D4:D10)
7日間の需要の範囲

G10セル：平均の2倍
=2*F10

続いて，CEILING 関数を用いた発注量の計算例を表 4.30 に示します．7 日目の発注量は，基準値＝70.0 が在庫＝23 より多いですから，

　　　　基準値－在庫＝70.0－23＝47.0 → 50.0 （10 個単位に切り上げ）

と計算されます．

表 4.30 プラン 3 の発注量の計算

NO	曜日	需要	販売数	平均	s*	在庫数	発注量	品切数
				初期在庫	100			
1	月	22	22	22.0	44.0	78	0	0
2	火	23	23	22.5	45.0	55	0	0
3	水	30	30	25.0	50.0	25	30	0
4	木	37	25	28.0	56.0	0	60	-12
5	金	36	30	29.6	59.2	0	60	-6
6	土	56	56	34.0	68.0	4	70	0
7	日	41	41	35.0	70.0	23	50	0

I10セル：発注量の計算
=IF(G10-H10>0,CEILING(G10-H10,10),0)
（基準値－在庫）を10個単位に切り上げる

7日目までの計算が終わりましたら,平均,s*,在庫数,発注量,品切数の式を残りのそれぞれのデータ範囲にコピーします.

(4) プラン4の発注量の計算

プラン4は,プラン3に安全在庫を加えた方法です.安全在庫の式は,

$$\text{安全在庫} = \sqrt{2} \times s \times \text{安全係数}$$

$$\text{ただし,} \quad s:\text{標準偏差},\ \text{安全係数}=1.65$$

となります.

Excelでは,平方根を計算するSQRT関数,標準偏差を計算するSTDEV関数を用います.

計算例を表4.31に示します.7日目の基準値の計算をExcel関数でもう一度チェックしてみましょう.

$$
\begin{aligned}
\text{平均} &= \text{AVERAGE}(7\text{日間}) = 35.0 \\
\text{標準偏差}\ s &= \text{STDEV}(7\text{日間}) = 11.69 \\
\text{安全在庫} &= \text{SQRT}(2) \times s \times \text{安全係数} \\
&= \sqrt{2} \times 11.69 \times 1.65 \\
&= 27.3 \\
\text{基準値}\ s^* &= 2 \times \text{平均} + \text{安全在庫} \\
&= 2 \times 35.0 + 27.3 \\
&= 97.3
\end{aligned}
$$

となります.

4.3 Excel 計算表の作り方

表 4.31 プラン4の基準値の計算

NO	曜日	需要	販売数	平均	s*	初期在庫 100 在庫数	発注量	品切数
1	月	22	22	22.0	44.0	78	0	0
2	火	23	23	22.5	46.7	55	0	0
3	水	30	30	25.0	60.2	25	40	0
4	木	37	25	28.0	72.3	0	80	-12
5	金	36	36	29.6	75.6	4	80	0
6	土	56	56	34.0	97.1	28	70	0
7	日	41	41	35.0	97.3	67	40	0

G10セル：基準値の計算

=2*F10+SQRT(2)*1.65*STDEV(D4:D10)

平方根の計算　　安全係数　　標準偏差の計算

(5) シミュレーションの実施方法

各プランの有効性をモンテカルロ・シミュレーションで検討するには乱数を作成しなくてはいけません．Excel の分析ツールには乱数発生ツールが備わっており，いろいろなタイプの乱数を発生することができます(図 4.13)．

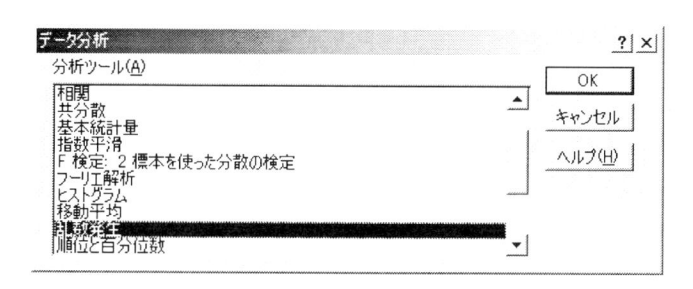

図 4.13 分析ツールの起動画面

今回使用する平均＝34，標準偏差＝13 の正規分布に従う乱数 70 個を発生する様子を図 4.14 に示します．

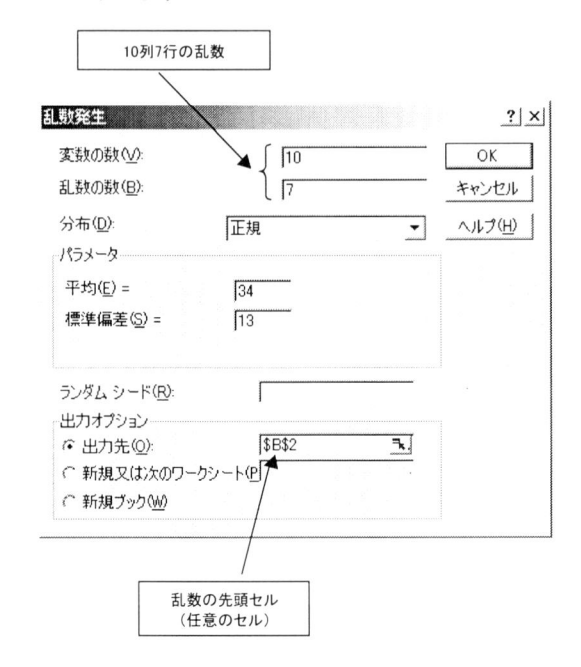

図 4.14 乱数の設定画面

乱数ツールによって発生された 70 個の乱数は表 4.32 のようになります．（乱数を発生させたワークシートのワークシート名を"乱数"と付けています．）

表 4.32 発生された乱数

27.27	29.42	34.56	40.95	41.79	45.8	48.07	49.91	33.42	41.33
28.61	56.25	43.37	31.87	31.36	20.07	32.5	12.96	24.63	33.97
34.79	42.65	32.31	54.8	7.618	33.57	28.14	38.89	9.83	42.95
40.84	43.82	35.35	36.94	56.29	21.17	37.14	42.28	41.3	49.65
39.43	22.37	28.78	27.99	37.52	47.86	4.108	40.37	22.41	43.26
28.76	37.64	32.84	29.74	32.1	42.9	13.69	34.08	28.83	9.813
38.17	33.73	38.37	32.14	33.41	55.09	26.97	13.12	44.17	47.39

これらの乱数は需要データに使用しますが，発生された乱数は小数点つきの数値です．需要データは整数ですから，Excel の INT 関数を用いて整数に直します（表 4.33）．

4.3 Excel 計算表の作り方

表 4.33　整数化した乱数

27	29	34	40	41	45	48	49	33	41
28	56	43	31	31	20	32	12	24	33
34	42	32	54	7	33	28	38	9	42
40	43	35	36	56	21	37	42	41	49
39	22	28	27	37	47	4	40	22	43
28	37	32	29	32	42	13	34	28	9
38	33	38	32	33	55	26	13	44	47

B13セル

=INT(B2)

乱数の先頭セル

これで必要な乱数の発生が終わりました.

次はこれらの正規乱数(需要データ)をプラン1, 2, 4の需要データのセルにリンクします. 例としてプラン1の需要データのセルにリンクしたケースを示します(表4.34).

表4.34　プラン1にリンクされた乱数

					発注点	発注量
		初期在庫		100	60	60
NO	曜日	需要	販売数	在庫量	発注量	品切数
1	月	27	27	73	0	0
2	火	28	28	45	60	0
3	水	34	34	11	60	0
4	木	40	40	31	60	0
5	金	39	39	52	60	0
6	土	28	28	84	0	0
7	日	38	38	106	0	0

=乱数!B13

ワークシート("乱数")にある
乱数の先頭セル

需要の乱数を各プランにリンクすると1回のシミュレーションが終了します. 需要のデータが変更されましたので, Excel は式が入力されている販売数, 在庫量な

どのセルを自動的に再計算します．このシミュレーションの結果をまとめて記述する表を用意して再計算の結果をリンクします（表 4.35）．

表 4.35　シミュレーションの結果

	品切個数				販売個数			
	現状	発注点	最大在庫	安全在庫	現状	発注点	最大在庫	安全在庫
	-232	-80	-45	-27	2136	2288	2323	2341

=発注点!O40

=最大在庫!L40

各プランのワークシートにリンク

　表 4.35 のシミュレーションの結果の数値は，各プランのワークシートにおいて品切個数，販売個数を計算しているセルとリンクしています．

　次にシミュレーションを 10 回，100 回と増やしていくための結果表を作成し（表 4.36），1 回のシミュレーション終了後に結果の数値をコピーしていきます．

表 4.36　シミュレーション全体の結果表

● 1回のシミュレーションの結果

	品切個数				販売個数			
	現状	発注点	最大在庫	安全在庫	現状	発注点	最大在庫	安全在庫
	-232	-80	-45	-27	2136	2288	2323	2341

● シミュレーション全体の結果

値のみコピー

回数	品切個数				販売個数			
	現状	発注点	最大在庫	安全在庫	現状	発注点	最大在庫	安全在庫
1	-232	-80	-45	-27	2136	2288	2323	2341
2								
3								
4								
5								
6								
7								
8								
9								
10								

　このような手順でシミュレーションを 10 回実施した結果を表 4.37 に示します．加えてシミュレーションの結果の平均を計算するセルも用意しておきます．シミュレ

4.3 Excel 計算表の作り方

表 4.37　シミュレーション 10 回の結果

● シミュレーション全体の結果

回数	品切個数				販売個数			
	現状	発注点	最大在庫	安全在庫	現状	発注点	最大在庫	安全在庫
1	-232	-80	-45	-27	2136	2288	2323	2341
2	-307	-45	-78	0	2106	2368	2335	2413
3	-318	-71	-60	-10	2110	2387	2398	2448
4	-111	-14	7	-4	2140	2237	2258	2247
5	-39	-53	-23	-1	2127	2113	2143	2165
6	-245	-18	-13	0	2140	2367	2372	2385
7	-189	-39	-20	-26	2091	2271	2290	2284
8	-259	-28	-48	-20	2110	2371	2351	2379
9	-229	-58	-44	0	2028	2199	2213	2257
10	-239	-90	-79	-11	2140	2289	2300	2368
平均	-217	-50	-40	-10	2113	2289	2298	2329

ーションの結果は最終的に平均の数値で判断します．

今回はシミュレーションを 10 回実施しましたが，100 回，1000 回となると，手入力で乱数発生，結果のコピーを繰り返すことは不可能に近くなります．この場合は，VBA(Visual Basic Application) を用いたマクロが必要です．

(6) 各プランの現状データに対する結果表

現状の需要データ 70 個に現状の方法と 4 つのプランを適用した結果を表 4.38 ～表 4.42 にすべて示します．

1) 現状の方法

表 4.38 現状の方法の結果表

初期在庫 100

NO	曜日	需要	販売数	在庫数	発注量	品切数	NO	曜日	需要	販売数	在庫数	発注量	品切数
1	月	22	22	78	30	0	36	月	43	30	0	30	-13
2	火	23	23	55	30	0	37	火	13	13	17	30	0
3	水	30	30	55	30	0	38	水	29	29	18	30	0
4	木	37	37	48	30	0	39	木	15	15	33	30	0
5	金	36	36	42	30	0	40	金	45	45	18	30	0
6	土	56	56	16	30	0	41	土	48	48	0	30	0
7	日	41	41	5	30	0	42	日	58	30	0	30	-28
8	月	24	24	11	30	0	43	月	46	30	0	30	-16
9	火	55	41	0	30	-14	44	火	28	28	2	30	0
10	水	39	30	0	30	-9	45	水	23	23	9	30	0
11	木	41	30	0	30	-11	46	木	33	33	6	30	0
12	金	16	16	14	30	0	47	金	4	4	32	30	0
13	土	53	44	0	30	-9	48	土	32	32	30	30	0
14	日	47	30	0	30	-17	49	日	44	44	16	30	0
15	月	30	30	0	30	0	50	月	48	46	0	30	-2
16	火	40	30	0	30	-10	51	火	6	6	24	30	0
17	水	28	28	2	30	0	52	水	35	35	19	30	0
18	木	31	31	1	30	0	53	木	39	39	10	30	0
19	金	23	23	8	30	0	54	金	37	37	3	30	0
20	土	45	38	0	30	-7	55	土	52	33	0	30	-19
21	日	26	26	4	30	0	56	日	36	30	0	30	-6
22	月	38	34	0	30	-4	57	月	29	29	1	30	0
23	火	27	27	3	30	0	58	火	19	19	12	30	0
24	水	53	33	0	30	-20	59	水	2	2	40	30	0
25	木	33	30	0	30	-3	60	木	38	38	32	30	0
26	金	23	23	7	30	0	61	金	16	16	46	30	0
27	土	18	18	19	30	0	62	土	33	33	43	30	0
28	日	35	35	14	30	0	63	日	30	30	43	30	0
29	月	38	38	6	30	0	64	月	38	38	35	30	0
30	火	26	26	10	30	0	65	火	29	29	36	30	0
31	水	5	5	35	30	0	66	水	40	40	26	30	0
32	木	55	55	10	30	0	67	木	48	48	8	30	0
33	金	34	34	6	30	0	68	金	40	38	0	30	-2
34	土	39	36	0	30	-3	69	土	44	30	0	30	-14
35	日	39	30	0	30	-9	70	日	43	30	0	30	-13
							合計		2369	2140	1008	2100	-229

4.3 Excel 計算表の作り方

2) プラン 1 (発注点)

表 4.39 プラン 1 の結果表

		初期在庫	100	発注点 60	発注量 60							
NO	曜日	需要	販売数	在庫量	発注量	品切数	NO	曜日	需要	販売数	在庫量	発注量	品切数
1	月	22	22	78	0	0	36	月	43	43	1	60	0
2	火	23	23	55	60	0	37	火	13	13	48	60	0
3	水	30	30	25	60	0	38	水	29	29	79	0	0
4	木	37	37	48	60	0	39	木	15	15	124	0	0
5	金	36	36	72	0	0	40	金	45	45	79	0	0
6	土	56	56	76	0	0	41	土	48	48	31	60	0
7	日	41	41	35	60	0	42	日	58	31	0	60	-27
8	月	24	24	11	60	0	43	月	46	46	14	60	0
9	火	55	55	16	60	0	44	火	28	28	46	60	0
10	水	39	39	37	60	0	45	水	23	23	83	0	0
11	木	41	41	56	60	0	46	木	33	33	110	0	0
12	金	16	16	100	0	0	47	金	4	4	106	0	0
13	土	53	53	107	0	0	48	土	32	32	74	0	0
14	日	47	47	60	0	0	49	日	44	44	30	60	0
15	月	30	30	30	60	0	50	月	48	30	0	60	-18
16	火	40	30	0	60	-10	51	火	6	6	54	60	0
17	水	28	28	32	60	0	52	水	35	35	79	0	0
18	木	31	31	61	0	0	53	木	39	39	100	0	0
19	金	23	23	98	0	0	54	金	37	37	63	0	0
20	土	45	45	53	60	0	55	土	52	52	11	60	0
21	日	26	26	27	60	0	56	日	36	11	0	60	-25
22	月	38	38	49	60	0	57	月	29	29	31	60	0
23	火	27	27	82	0	0	58	火	19	19	72	0	0
24	水	53	53	89	0	0	59	水	2	2	130	0	0
25	木	33	33	56	60	0	60	木	38	38	92	0	0
26	金	23	23	33	60	0	61	金	16	16	76	0	0
27	土	18	18	75	0	0	62	土	33	33	43	60	0
28	日	35	35	100	0	0	63	日	30	30	13	60	0
29	月	38	38	62	0	0	64	月	38	38	35	60	0
30	火	26	26	36	60	0	65	火	29	29	66	0	0
31	水	5	5	31	60	0	66	水	40	40	86	0	0
32	木	55	55	36	60	0	67	木	48	48	38	60	0
33	金	34	34	62	0	0	68	金	40	38	0	60	-2
34	土	39	39	83	0	0	69	土	44	44	16	60	0
35	日	39	39	44	60	0	70	日	43	43	33	60	0
							合計		2369	2287	3778	2340	-82

3) プラン2 (最大在庫)

表4.40 プラン2の結果表

			初期在庫	発注点 100	発注量 60	100						
NO	曜日	需要	販売数	在庫量	発注量	品切数	NO	曜日	需要	販売数	在庫量	発注量	品切数
1	月	22	22	78	0	0	36	月	43	43	79	0	0
2	火	23	23	55	100	0	37	火	13	13	66	0	0
3	水	30	30	25	100	0	38	水	29	29	37	100	0
4	木	37	37	88	0	0	39	木	15	15	22	100	0
5	金	36	36	152	0	0	40	金	45	45	77	0	0
6	土	56	56	96	0	0	41	土	48	48	129	0	0
7	日	41	41	55	100	0	42	日	58	58	71	0	0
8	月	24	24	31	100	0	43	月	46	46	25	100	0
9	火	55	55	76	0	0	44	火	28	25	0	100	-3
10	水	39	39	137	0	0	45	水	23	23	77	0	0
11	木	41	41	96	0	0	46	木	33	33	144	0	0
12	金	16	16	80	0	0	47	金	4	4	140	0	0
13	土	53	53	27	100	0	48	土	32	32	108	0	0
14	日	47	27	0	100	-20	49	日	44	44	64	0	0
15	月	30	30	70	0	0	50	月	48	48	16	100	0
16	火	40	40	130	0	0	51	火	6	6	10	100	0
17	水	28	28	102	0	0	52	水	35	35	75	0	0
18	木	31	31	71	0	0	53	木	39	39	136	0	0
19	金	23	23	48	100	0	54	金	37	37	99	0	0
20	土	45	45	3	100	0	55	土	52	52	47	100	0
21	日	26	26	77	0	0	56	日	36	36	11	100	0
22	月	38	38	139	0	0	57	月	29	29	82	0	0
23	火	27	27	112	0	0	58	火	19	19	163	0	0
24	水	53	53	59	100	0	59	水	2	2	161	0	0
25	木	33	33	26	100	0	60	木	38	38	123	0	0
26	金	23	23	103	0	0	61	金	16	16	107	0	0
27	土	18	18	185	0	0	62	土	33	33	74	0	0
28	日	35	35	150	0	0	63	日	30	30	44	100	0
29	月	38	38	112	0	0	64	月	38	38	6	100	0
30	火	26	26	86	0	0	65	火	29	29	77	0	0
31	水	5	5	81	0	0	66	水	40	40	137	0	0
32	木	55	55	26	100	0	67	木	48	48	89	0	0
33	金	34	26	0	100	-8	68	金	40	40	49	100	0
34	土	39	39	61	0	0	69	土	44	44	5	100	0
35	日	39	39	122	0	0	70	日	43	43	62	0	0
							合計		2369	2338	5371	2400	-31

4) プラン 3 (平均)

表 4.41 プラン 3 の結果表

					初期在庫	100										
NO	曜日	需要	販売数	平均	s*	在庫数	発注量	品切数	NO	曜日	需要	販売数	平均	s*	在庫数	発注量	品切数
1	月	22	22	22.0	44.0	78	0	0	36	月	43	43	34.4	68.9	27	50	0
2	火	23	23	22.5	45.0	55	0	0	37	火	13	13	32.6	65.1	84	0	0
3	水	30	30	25.0	50.0	25	30	0	38	水	29	29	36.0	72.0	105	0	0
4	木	37	25	28.0	56.0	0	60	-12	39	木	15	15	30.3	60.6	90	0	0
5	金	36	30	29.6	59.2	0	60	-6	40	金	45	45	31.9	63.7	45	20	0
6	土	56	56	34.0	68.0	4	70	0	41	土	48	45	33.1	66.3	0	70	-3
7	日	41	41	35.0	70.0	23	50	0	42	日	58	20	35.9	71.7	0	80	-38
8	月	24	24	35.3	70.6	69	10	0	43	月	46	46	36.3	72.6	24	50	0
9	火	55	55	39.9	79.7	64	20	0	44	火	28	28	38.4	76.9	76	10	0
10	水	39	39	41.1	82.3	35	50	0	45	水	23	23	37.6	75.1	103	0	0
11	木	41	41	41.7	83.4	14	70	0	46	木	33	33	40.1	80.3	80	10	0
12	金	16	16	38.9	77.7	48	30	0	47	金	4	4	34.3	68.6	76	0	0
13	土	53	53	38.4	76.9	65	20	0	48	土	32	32	32.0	64.0	54	10	0
14	日	47	47	39.3	78.6	48	40	0	49	日	44	44	30.0	60.0	10	50	0
15	月	30	30	40.1	80.3	38	50	0	50	月	48	20	30.3	60.6	0	70	-28
16	火	40	40	38.0	76.0	38	40	0	51	火	6	6	27.1	54.3	44	20	0
17	水	28	28	36.4	72.9	60	20	0	52	水	35	35	28.9	57.7	79	0	0
18	木	31	31	35.0	70.0	69	10	0	53	木	39	39	29.7	59.4	60	0	0
19	金	23	23	36.0	72.0	66	10	0	54	金	37	37	34.4	68.9	23	50	0
20	土	45	45	34.9	69.7	31	40	0	55	土	52	23	37.3	74.6	0	80	-29
21	日	26	26	31.9	63.7	15	50	0	56	日	36	36	36.1	72.3	14	60	0
22	月	38	38	33.0	66.0	17	50	0	57	月	29	29	33.4	66.9	65	10	0
23	火	27	27	31.1	62.3	40	30	0	58	火	19	19	35.3	70.6	106	0	0
24	水	53	53	34.7	69.4	37	40	0	59	水	2	2	30.6	61.1	114	0	0
25	木	33	33	35.0	70.0	34	40	0	60	木	38	38	30.4	60.9	76	0	0
26	金	23	23	35.0	70.0	51	20	0	61	金	16	16	27.4	54.9	60	0	0
27	土	18	18	31.1	62.3	73	0	0	62	土	33	33	24.7	49.4	27	30	0
28	日	35	35	32.4	64.9	58	10	0	63	日	30	27	23.9	47.7	0	50	-3
29	月	38	38	32.4	64.9	20	50	0	64	月	38	30	25.1	50.3	0	60	-8
30	火	26	26	32.3	64.6	4	70	0	65	火	29	29	26.6	53.1	21	40	0
31	水	5	5	25.4	50.9	49	10	0	66	水	40	40	32.0	64.0	41	30	0
32	木	55	55	28.6	57.1	64	0	0	67	木	48	48	33.4	66.9	33	40	0
33	金	34	34	30.1	60.3	40	30	0	68	金	40	40	36.9	73.7	23	60	0
34	土	39	39	33.1	66.3	1	70	0	69	土	44	44	38.4	76.9	19	60	0
35	日	39	31.0	33.7	67.4	0	70	-8	70	日	43	43	40.3	80.6	36	50	0
									合計	2369	2234	2316			2948	2280	-135

5) プラン4（安全在庫）

表4.42 プラン4の結果表

初期在庫	100

NO	曜日	需要	販売数	平均	s*	在庫数	発注量	品切数	NO	曜日	需要	販売数	平均	s*	在庫数	発注量	品切数
1	月	22	22	22.0	44.0	78	0	0	36	月	43	43	34	105.5	73	40	0
2	火	23	23	22.5	46.7	55	0	0	37	火	13	13	33	106.0	110	0	0
3	水	30	30	25.0	60.2	25	40	0	38	水	29	29	36	102.3	121	0	0
4	木	37	25	28.0	72.3	0	80	-12	39	木	15	15	30	88.5	106	0	0
5	金	36	36	29.6	75.6	4	80	0	40	金	45	45	32	94.5	61	40	0
6	土	56	56	34.0	97.1	28	70	0	41	土	48	48	33	99.9	13	90	0
7	日	41	41	35.0	97.3	67	40	0	42	日	58	53	36	111.9	0	120	-5
8	月	24	24	35.3	97.0	113	0	0	43	月	46	46	36	113.3	44	70	0
9	火	55	55	39.9	107.7	98	10	0	44	火	28	28	38	111.5	136	0	0
10	水	39	39	41.1	108.5	59	50	0	45	水	23	23	38	111.6	183	0	0
11	木	41	41	41.7	109.3	28	90	0	46	木	33	33	40	109.4	150	0	0
12	金	16	16	38.9	112.2	62	60	0	47	金	4	4	34	110.9	146	0	0
13	土	53	53	38.4	110.0	99	20	0	48	土	32	32	32	103.9	114	0	0
14	日	47	47	39.3	112.6	112	10	0	49	日	44	44	30	92.9	70	30	0
15	月	30	30	40.1	112.2	102	20	0	50	月	48	48	30	94.4	22	80	0
16	火	40	40	38.0	104.1	72	40	0	51	火	6	6	27	94.4	46	50	0
17	水	28	28	36.4	102.2	64	40	0	52	水	35	35	29	98.1	91	10	0
18	木	31	31	35.0	99.3	73	30	0	53	木	39	39	30	100.7	102	0	0
19	金	23	23	36.0	97.6	90	10	0	54	金	37	37	34	100.7	75	30	0
20	土	45	45	34.9	91.1	75	20	0	55	土	52	52	37	109.7	23	90	0
21	日	26	26	31.9	82.1	59	30	0	56	日	36	36	36	106.8	17	90	0
22	月	38	38	33.0	85.0	41	50	0	57	月	29	29	33	99.4	78	30	0
23	火	27	27	31.1	80.3	44	40	0	58	火	19	19	35	93.9	149	0	0
24	水	53	53	34.7	95.3	41	60	0	59	水	2	2	31	98.7	177	0	0
25	木	33	33	35.0	95.7	48	50	0	60	木	38	38	30	98.2	139	0	0
26	金	23	23	35.0	95.7	85	20	0	61	金	16	16	27	93.4	123	0	0
27	土	18	18	31.1	89.4	117	0	0	62	土	33	33	25	79.8	90	0	0
28	日	35	35	32.4	91.6	102	0	0	63	日	30	30	24	76.5	60	20	0
29	月	38	38	32.4	91.6	64	30	0	64	月	38	38	25	81.5	22	60	0
30	火	26	26	32.3	91.5	38	60	0	65	火	29	29	27	83.8	13	80	0
31	水	5	5	25.4	77.6	63	20	0	66	水	40	40	32	83.2	33	60	0
32	木	55	55	28.6	94.5	68	30	0	67	木	48	48	33	90.4	65	30	0
33	金	34	34	30.1	97.4	54	50	0	68	金	40	40	37	89.3	85	10	0
34	土	39	39	33.1	101.7	45	60	0	69	土	44	44	38	93.0	71	30	0
35	日	39	39	33.7	103.2	56	50	0	70	日	43	43	40	94.5	38	60	0
									合計		2369	2352			5075	2380	-17

演習問題

問題 4.1

需要データの平均だけが大きくなった場合について，乱数の平均を 40 として，シミュレーションを 10 回実施しなさい（標準偏差は 13）．現状の方法と 4 つのプランを比較し，最適なプランを決定しなさい．

問題 4.2

需要データのばらつき（標準偏差）だけが大きくなった場合について，乱数の標準偏差を 18 として，シミュレーションを 10 回実施しなさい（平均は 34）．このケースでも，4 つのプランのうちどのプランが最適か決定しなさい．

問題 4.3

生鮮食料品のように，在庫が発生するとその日のうちに廃棄しなくてはならない商品の場合，どのプランが良いかシミュレーションで検討しなさい．（需要の乱数は平均 30，標準偏差 10 としましょう．）

問題 4.4

在庫が発生した場合，翌日には 50% 引きで販売する商品の場合について，どのプランが良いかシミュレーションで検討しなさい．（需要の乱数は平均 30，標準偏差 10 としましょう．）

問題 4.5

あなたが良いと考えるプランを 1 つ提案し，その優劣をシミュレーションで検討しなさい．（需要の乱数は平均 30，標準偏差 10 としましょう．）

第5章 待ち行列

5.1 待ち行列理論とは

(1) 待ち行列理論の概要

　市役所，銀行，駅などサービスが提供される窓口で順番を待っている客の列を待ち行列と言います．この客の待ち行列の長さは最大いくらになるか，客の到着の仕方，サービスの仕方等の条件によって客の平均待ち時間はどのように変化するのかなどを研究する分野が待ち行列理論です．到着，サービス，窓口を待ち行列の3要素といいます．客の数に比べ窓口が多いと利用されない窓口はむだになりますし，逆に窓口が少ないとサービスを受けるまでに長い間待たなければならず，客の満足度が低下します．待ち行列の現象を解析する場合，まず数学的にモデル化して解析するという方法がとられますが，現象が複雑で数学的に解くことが難しい場合も多くあります．このような場合はシミュレーションでの検討が行われることになります．本書では，単純な待ち行列のモデルもシミュレーションで検討します．その理由は，実際の現象はばらつきがあり理論どおりにはなりませんので，いろいろなケースを検討できるシミュレーションの方法をマスターすることが重要と考えるからです．

(2) 到着の分布

1) 一定到着の分布

　客の到着が時間にかかわらず一定である場合です．客が 5 分間隔でつぎつぎ到着する場合，工場において連続生産を行っているとき一定間隔で工程に材料が投入される場合，電車が 10 分間隔で運転されている場合などが当てはまります．

2) ランダム到着の分布

　客の到着の仕方が何も規則性を持たない場合です．コンビニや銀行の窓口に来る客は各自が独立に都合の良い時間に現われます．ひまな時間があると思えば，急に混雑するという状況がよく見られます．長い間で見れば到着の仕方には規則性がありません．つまり客はランダムに到着します．このランダムな到着の人数を表す分布としてポアソン分布と呼ばれる分布がよく用いられ，ポアソン到着と呼ばれます．ランダムに到着しますが，全体の平均値をもっています．Excel の乱数発生ツールには，「ポアソン分布」の乱数が用意されており，「1 日に平均 10 人のお客が到着するポアソン分布に従う乱数を 100 個作成する」というように使用できます．

　一方，ランダムに到着したお客の到着の間隔に当てはまる分布が指数分布です．ポアソン分布に従う，つまりランダムに到着した客の到着の人数はポアソン分布，間隔は指数分布という密接な関係にあります．指数分布に従った到着時間の乱数は，0 から 1 の均一の分布の乱数から作成します．

(3) サービスの分布

1) 一定のサービスの分布

　到着の場合と同じように，どの客に対してもサービスの時間が同じ場合です．機械化された窓口のように，受け付けて機械で処理して発行するのに要する時間がほぼ 5 分，という例などが当てはまります．

2) ランダムなサービスの分布

サービス時間が指数分布に従う場合です．サービスの時間がその内容によって異なり，規則性がなくランダムにサービスが提供されます．今サービスを受けている客の終了時間は，以前の客のサービスを受けた時間には関係しません．このようなランダムなサービスは指数サービスと呼びます．

(4) 待ち行列の記号

待ち行列で使われる主な記号を説明します．

1) 到着とサービスの分布の記号

客の到着とサービスの分布を以下のような記号で表します．

① 一定のサービスの分布 ：D（Deterministic）
② ランダムな到着の分布 ：M（Markov Process）
③ やや規則性のある分布(アーラン分布)
　　　　　　　　　　　　：E（Erlang Distribution）

　　注意：この分布は複雑なので本書では説明していません．

2) ケンドールの記号

待ち行列の全体の状態を表すために，待ち行列の 3 要素を次のような形式で表します．

　　　　　到着分布／サービス分布／窓口数

例えば，待ち行列で代表的な「客の到着がランダムで，サービス時間もランダム，窓口数が 1」の待ち行列モデルは，

　　　M／M／1

と表されます．これをケンドールの記号といいます．

(5) 待ち行列の状態の記述

待ち行列の状態を表すためには以下のような指標を計算します．

　　1) 平均到着時間間隔
　　2) 平均到着率

5.1 待ち行列理論とは

3) 平均サービス時間
4) 平均サービス率
5) 平均待ち時間
6) 平均待ち人数
7) 最大待ち人数

平均到着時間間隔と平均到着率との関係を説明します．

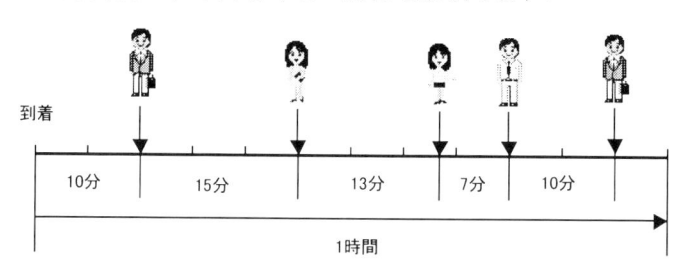

図 5.1 客の到着の間隔

図 5.1 では，1 時間 (60 分) の間に 5 人の客が到着していますので，平均 12 分間に 1 人到着しています．また，一方，逆に 1 分間当り 0.08 人到着していることになります．つまり，

平均到着時間間隔　＝　60/5　＝　12　　（分/人）

平均到着率　　　　＝　5/60　＝　0.08　（人/分）

と表されます．

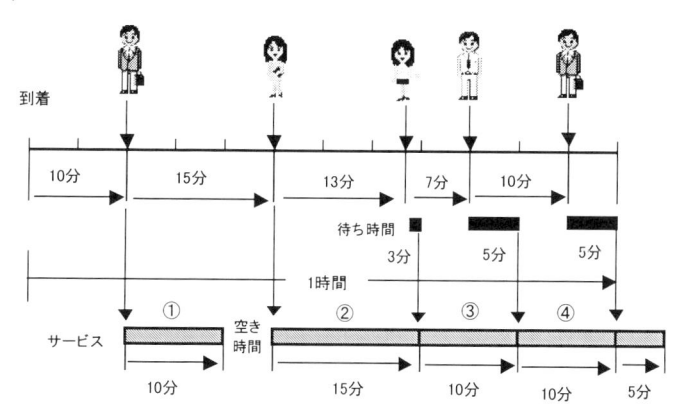

図 5.2 客の到着とサービスの時間

到着にランダムサービスの時間を加えたのが図 5.2 です．1 時間に 4 人がサービス(①〜④)を受けています．4 人のサービス時間の合計は 45 分です．しかし，1 人目，2 人目はすぐサービスを受けられますが，3 人目の女性がサービスを受けるまでに 3 分，4 人目と 5 人目の男性には 5 分の待ち時間が発生しています．待ち時間の合計は 13 分になります．一方，窓口では，1 人目のサービスが終わってから 5 分間窓口が空いています．まとめて書きますと，

平均サービス時間	=	45/4	= 11.25	（分/人）
平均サービス率	=	4/60	= 0.07	（人/分）
平均待ち時間	=	13/3	= 4.33	（分/人）
平均待ち人数	=	3/60	= 0.05	（人/分）

となります．

最大待ち人数は客の待っている行列の最大の長さです．図 5.2 の例ではサービスを待っている客は 3 人いますが，いずれも待っている人数は客 1 人ですので，

　　　最大待ち人数　　　= 　1　人

となります．

5.2　待ち行列のシミュレーション

(1)　モンテカルロ・シミュレーション

例題 1　タクシー乗り場のシミュレーション

乗り場が1つのタクシーと客の関係を考えてみましょう．この場合，客とタクシーの 2 つの到着があります．タクシーの到着の台数が多いとタクシーの行列ができますし，雨や雪の日にはタクシーがなかなか来ないので客が長い行列を作ります．タクシーと客の到着はランダムと考えていいですが，サービスは客が

図 5.3　タクシー乗り場

5.2 待ち行列のシミュレーション

タクシーに乗り込めば終了しますので,特にサービスの時間を考える必要はなさそうです.モデルとしては,M/M/1の変形と考えられます.このタクシー乗り場の状況をモンテカルロ・シミュレーションで検討してみましょう(語句の説明は6.3節を見てください).

1) 平均到着間隔の設定

タクシーと客がともに1時間(60分)当り30台到着すると仮定します.
つまり,

タクシー:

 平均到着率 μ = 30/60 = 0.5 (台/分)

 平均到着時間間隔 $1/\mu$ = 60/30 = 2 (分/台)

客:

 平均到着率 λ = 30/60 = 0.5 (人/分)

 平均到着時間間隔 $1/\lambda$ = 60/30 = 2 (分/人)

2) 到着の分布と到着時間間隔

タクシー,客ともに1分間に平均0.5台(人)ランダムに到着すると仮定したので,到着時間の間隔は平均($=1/\mu=1/\lambda$)$=2$ の指数分布に従います.式で書くと,

$$\text{タクシー:}\quad x=e^{-\mu u} \qquad \text{客:}\quad y=e^{-\lambda v} \qquad (5.1)$$

となります.(ただし,e:自然対数の底,$\mu=\lambda=2$です.)

ここで,uはタクシーの到着時間間隔,xはその時間間隔に着く確率です.また,vは客の到着時間間隔で,yはその時間間隔に着く確率です.xとyは確率ですから,0から1の間の数値になります.もう気が付いたと思いますが,0から1の乱数を使って逆にxとy,つまり指数分布に従う到着時間間隔の乱数を作成します.

3) 指数乱数の作成

指数乱数を作成するために,タクシーと客の指数分布の式(5.1)をuとvについて解きます.

タクシー：　　$u = -\dfrac{1}{\mu} \ln(x) = -2\ln(x)$ 　　　　(5.2)

客 ：　　　　$v = -\dfrac{1}{\lambda} \ln(y) = -2\ln(y)$ 　　　　(5.3)

ここで，ln は自然対数を表します．

式(5.2)の x と式(5.3)の y に 0 から 1 の乱数を代入すれば，タクシーと客の到着時間間隔の乱数 u と v が一組作成されたことになります．

例として，x＝0.76 を式(5.2)，y＝0.31 を式(5.3)に代入すると，

$u = -2\ln(0.76) = -2\times(-0.274) = 0.55$

$v = -2\ln(0.31) = -2\times(-1.171) = 2.34$

が得られます．これらは，タクシーが 0.55 分に，客が 2.34 分に到着することを意味しています．このようにタクシーと客の到着間隔時間は 0 から 1 の乱数を使って作成することができます．Excel の乱数発生ツールでは「均一」とうい名前の乱数を利用します．

4) 到着時間表の作成

Excel の乱数ツールを使って 0 から 1 の乱数を 50 組発生させ，これらを式(5.2)，式(5.3)を使ってランダムな到着時間間隔の値に変換します（Excel では LN 関数を使用）．10 組のデータの計算結果は表 5.1 のようになります．

表 5.1　到着時間間隔データ作成表

	タクシー					客		
	乱数 (0～1)	到着間隔	経過時間	待ち時間		乱数 (0～1)	到着間隔	経過時間
NO	x	$-2\ln(x)$	Tt		NO	y	$-2\ln(y)$	Tc
1	0.38	1.94	1.94	(1.92)	1	0.99	0.02	0.02
2	0.10	4.61	6.55	(5.30)	2	0.54	1.23	1.25
3	0.60	1.02	7.57	(3.00)	3	0.19	3.32	4.57
4	0.90	0.21	7.78	(0.09)	4	0.21	3.12	7.69
5	0.88	0.26	8.04	2.77	5	0.21	3.12	10.81
6	0.96	0.08	8.12	3.96	6	0.53	1.27	12.08
7	0.01	9.21	17.33	(4.16)	7	0.58	1.09	13.17
8	0.41	1.78	19.11	0.50	8	0.04	6.44	19.61
9	0.86	0.30	19.41	2.48	9	0.32	2.28	21.89
10	0.14	3.93	23.34	(0.10)	10	0.51	1.35	23.24

この表ではタクシーと客の両方で 0 から 1 の（別々の）一様乱数から到着時間

5.2 待ち行列のシミュレーション

間隔を計算すると同時に，到着の経過時間と待ち時間の列があります．経過時間は，個々のNOの到着時間間隔を足した時間です．つまり，1台目のタクシーは1.94分に，2台目のタクシーはその4.61分後に到着しています．2台目までの経過時間は2つの時間を加えて6.55分となります．10台目，つまりNO10のタクシーが到着するまでの経過時間は23.34分，一方10人目のお客が到着するまでの経過時間は23.24分です．ほとんど変わりませんね．

次に待ち時間について説明します．この列の数値は，客の経過時間からタクシーの経過時間を引いた値です．つまり，

$$待ち時間 = 客の経過時間 - タクシーの経過時間$$
$$= T_c - T_t \tag{5.4}$$

となります．

待ち時間の値が負の値のとき，つまり客の経過時間がタクシーの経過時間より小さい場合は，客がタクシーを待っていることになります．表5.1の待ち時間の列でカッコがついている数値です．逆に，タクシーの経過時間が客の経過時間より小さい場合は，タクシーが客を待っている状態です．NO1のデータを見てみましょう．1台目のタクシーは1.94分に到着します．しかし，1人目の客は0.02分にすでに着いていてタクシーを待っています．その待ち時間は $1.94-0.02=1.92$ 分です．表5.1では，(1.92)と表示されています．NO5のデータはどうでしょう．5台目のタクシーは8.04分に到着します．しかし，5人目の客は10.81分まで来ません．タクシーは $10.81-8.04=2.77$ 分待つことになります．このように計算した列が待ち時間の列です．

次は，待ち行列の数について計算します．いったいタクシーは何台行列を作っていて，何分待っているでしょうか．また，客はどうでしょうか．この数値を求めるには，データを一つ一つチェックする必要があります．例として，1台目のタクシーが到着する状況を見てみます(表5.2)．

表 5.2 待ち人数の計算

	タクシー					客		
NO	乱数(0〜1) x	到着間隔 -2ln(x)	経過時間 Tt	待ち時間	NO	乱数(0〜1) y	到着間隔 -2ln(y)	経過時間 Tc
1	0.38	1.94	1.94	(1.92)	1	0.99	0.02	0.02
2	0.10	4.61	6.55	(5.30)	2	0.54	1.23	1.25
3	0.60	1.02	7.57	(3.00)	3	0.19	3.32	4.57
4	0.90	0.21	7.78	(0.09)	4	0.21	3.12	7.69
5	0.88	0.26	8.04	2.77	5	0.21	3.12	10.81
6	0.96	0.08	8.12	3.96	6	0.53	1.27	12.08
7	0.01	9.21	17.33	(4.16)	7	0.58	1.09	13.17
8	0.41	1.78	19.11	0.50	8	0.04	6.44	19.61
9	0.86	0.30	19.41	2.48	9	0.32	2.28	21.89
10	0.14	3.93	23.34	(0.10)	10	0.51	1.35	23.24

1台目のタクシーは1.94分に到着します.しかし,客のほうは1人目が0.02分,2人目が1.25分にもう着いています.つまり,1台目のタクシーが着いたときには,2人の客が待っています.待ち行列の長さ(人数)は2となります.

表 5.3 待ち台数の計算

	タクシー					客		
NO	乱数(0〜1) x	到着間隔 -2ln(x)	経過時間 Tt	待ち時間	NO	乱数(0〜1) y	到着間隔 -2ln(y)	経過時間 Tc
1	0.38	1.94	1.94	(1.92)	1	0.99	0.02	0.02
2	0.10	4.61	6.55	(5.30)	2	0.54	1.23	1.25
3	0.60	1.02	7.57	(3.00)	3	0.19	3.32	4.57
4	0.90	0.21	7.78	(0.09)	4	0.21	3.12	7.69
5	0.88	0.26	8.04	2.77	5	0.21	3.12	10.81
6	0.96	0.08	8.12	3.96	6	0.53	1.27	12.08
7	0.01	9.21	17.33	(4.16)	7	0.58	1.09	13.17
8	0.41	1.78	19.11	0.50	8	0.04	6.44	19.61
9	0.86	0.30	19.41	2.48	9	0.32	2.28	21.89
10	0.14	3.93	23.34	(0.10)	10	0.51	1.35	23.24

タクシーの待ち台数はどうでしょうか.5人目の客が到着した状態をチェックしてみます(表 5.3).5人目の客は,10.81分に到着します.しかし,5台目のタクシーは8.04分に,6台目のタクシーは8.12分に着いていますので,今度は2台のタクシーの待ち行列ができています.それでは,10組のデータすべての待ち行列の状態を調べてみましょう(表 5.4).待ち台数と待ち人数は両方の時間を目で追って調べたのではありません.ExcelのFREQUENCY関数を使用し

表 5.4　10組のデータの待ち台数（人数）

	タクシー					客			待ち台数	待ち人数
NO	乱数(0〜1) x	到着間隔 -2ln(x)	経過時間 Tt	待ち時間	NO	乱数(0〜1) y	到着間隔 -2ln(y)	経過時間 Tc		
1	0.38	1.94	1.94	(1.92)	1	0.99	0.02	0.02	0	2
2	0.10	4.61	6.55	(5.30)	2	0.54	1.23	1.25	0	2
3	0.60	1.02	7.57	(3.00)	3	0.19	3.32	4.57	0	1
4	0.90	0.21	7.78	(0.09)	4	0.21	3.12	7.69	0	1
5	0.88	0.26	8.04	2.77	5	0.21	3.12	10.81	2	0
6	0.96	0.08	8.12	3.96	6	0.53	1.27	12.08	1	0
7	0.01	9.21	17.33	(4.16)	7	0.58	1.09	13.17	0	1
8	0.41	1.78	19.11	0.50	8	0.04	6.44	19.61	2	0
9	0.86	0.30	19.41	2.48	9	0.32	2.28	21.89	1	0
10	0.14	3.93	23.34	(0.10)	10	0.51	1.35	23.24	0	1

5）待ち行列の指標の計算

待ち行列の指標をまとめてみましょう．

まず，タクシーと客の平均到着時間です．

$$\text{タクシーの平均到着時間間隔} = 23.34/10$$
$$= 2.334 \ (\text{分}/\text{台})$$

$$\text{客の平均到着時間間隔} = 23.24/10$$
$$= 2.324 \ (\text{分}/\text{人})$$

平均到着率は，

$$\text{タクシーの平均到着率} = 10/23.34$$
$$= 0.428 \ (\text{台}/\text{分})$$

$$\text{客の平均到着時間} = 10/23.24$$
$$= 0.430 \ (\text{人}/\text{分})$$

平均待ち時間の計算のためには，タクシーの待ち時間と待ち台数，客の待ち時間と待ち人数を求める必要があります．これらの値は，

$$\text{タクシーの待ち台数} \quad 4 \text{台}$$
$$\text{タクシーの最大待ち台数} \quad 2 \text{台}$$
$$\text{タクシーの待ち時間合計} = 9.71 \ \text{分}$$
$$\text{タクシーの平均待ち時間} = 9.71/4 = 2.43 \ (\text{分}/\text{台})$$

客の待ち人数　　　　　　　6人
客の最大待ち人数　　　　　2人
客の待ち時間合計　　　　　＝ 14.57 分
客の平均待ち時間　　　　　＝ 14.57/6 ＝ 2.43（分/人）

となります．それでは，50組の乱数を発生させて，シミュレーションを実施してみましょう（表 5.5, 表 5.6）．

表 5.5　データの待ち台数と人数（前半）

	タクシー					客			待ち台数	待ち人数
NO	乱数(0〜1) x	到着間隔 -2ln(x)	経過時間 Tt	待ち時間	NO	乱数(0〜1) y	到着間隔 -2ln(y)	経過時間 Tc		
1	0.38	1.94	1.94	(1.92)	1	0.99	0.02	0.02	0	2
2	0.10	4.61	6.55	(5.30)	2	0.54	1.23	1.25	0	2
3	0.60	1.02	7.57	(3.00)	3	0.19	3.32	4.57	0	1
4	0.90	0.21	7.78	(0.09)	4	0.21	3.12	7.69	0	1
5	0.88	0.26	8.04	2.77	5	0.21	3.12	10.81	2	0
6	0.96	0.08	8.12	3.96	6	0.53	1.27	12.08	1	0
7	0.01	9.21	17.33	(4.16)	7	0.58	1.09	13.17	0	1
8	0.41	1.78	19.11	0.50	8	0.04	6.44	19.61	2	0
9	0.86	0.30	19.41	2.48	9	0.32	2.28	21.89	1	0
10	0.14	3.93	23.34	(0.10)	10	0.51	1.35	23.24	0	1
11	0.25	2.77	26.11	6.34	11	0.01	9.21	32.45	2	0
12	0.05	5.99	32.10	6.79	12	0.04	6.44	38.89	1	0
13	0.03	7.01	39.11	3.32	13	0.17	3.54	42.43	1	0
14	0.16	3.67	42.78	1.00	14	0.51	1.35	43.78	1	0
15	0.22	3.03	45.81	(1.45)	15	0.75	0.58	44.36	0	1
16	0.02	7.82	53.63	(7.11)	16	0.34	2.16	46.52	0	3
17	0.29	2.48	56.11	(9.01)	17	0.75	0.58	47.10	0	3
18	0.34	2.16	58.27	(5.18)	18	0.05	5.99	53.09	0	5
19	0.55	1.20	59.47	(5.70)	19	0.71	0.68	53.77	0	5
20	0.36	2.04	61.51	(4.20)	20	0.17	3.54	57.31	0	5
21	0.37	1.99	63.50	(5.56)	21	0.73	0.63	57.94	0	5
22	0.36	2.04	65.54	(7.58)	22	0.99	0.02	57.96	0	5
23	0.91	0.19	65.73	(6.75)	23	0.60	1.02	58.98	0	4
24	0.47	1.51	67.24	(6.87)	24	0.50	1.39	60.37	0	3
25	0.43	1.69	68.93	(6.46)	25	0.35	2.10	62.47	0	3

5.2 待ち行列のシミュレーション

表 5.6 データの待ち台数と人数（後半）

	タクシー					客			待ち台数	待ち人数
NO	乱数(0〜1) x	到着間隔 -2ln(x)	経過時間 Tt	待ち時間	NO	乱数(0〜1) y	到着間隔 -2ln(y)	経過時間 Tc		
26	0.30	2.41	71.34	(7.04)	26	0.40	1.83	64.30	0	2
27	0.98	0.04	71.38	(2.67)	27	0.11	4.41	68.71	0	1
28	0.81	0.42	71.80	3.92	28	0.03	7.01	75.72	4	0
29	0.99	0.02	71.82	4.67	29	0.68	0.77	76.49	3	0
30	0.26	2.69	74.51	4.83	30	0.24	2.85	79.34	2	0
31	0.95	0.10	74.61	6.20	31	0.48	1.47	80.81	2	0
32	0.05	5.99	80.60	3.24	32	0.22	3.03	83.84	5	0
33	0.71	0.68	81.28	4.03	33	0.48	1.47	85.31	4	0
34	0.82	0.40	81.68	6.85	34	0.20	3.22	88.53	6	0
35	0.97	0.06	81.74	10.87	35	0.13	4.08	92.61	6	0
36	0.47	1.51	83.25	9.83	36	0.79	0.47	93.08	5	0
37	0.30	2.41	85.66	7.61	37	0.91	0.19	93.27	4	0
38	0.75	0.58	86.24	9.13	38	0.35	2.10	95.37	4	0
39	0.35	2.10	88.34	7.50	39	0.79	0.47	95.84	3	0
40	0.78	0.50	88.84	10.22	40	0.20	3.22	99.06	3	0
41	0.07	5.32	94.16	7.84	41	0.23	2.94	102.00	2	0
42	0.20	3.22	97.38	5.93	42	0.52	1.31	103.31	2	0
43	0.06	5.63	103.01	1.53	43	0.54	1.23	104.54	1	0
44	0.36	2.04	105.05	5.12	44	0.06	5.63	110.17	5	0
45	0.49	1.43	106.48	4.65	45	0.62	0.96	111.13	4	0
46	0.51	1.35	107.83	4.29	46	0.61	0.99	112.12	3	0
47	0.37	1.99	109.82	2.32	47	0.99	0.02	112.14	2	0
48	0.99	0.02	109.84	6.23	48	0.14	3.93	116.07	1	0
49	0.04	6.44	116.28	1.89	49	0.35	2.10	118.17	1	0
50	0.23	2.94	119.22	0.07	50	0.57	1.12	119.29	1	0

　全体では，50 台のタクシーの到着時間が 119.22 分，50 人の客の到着時間も 119.29 分とほとんど同じです．平均到着時間間隔は 1 台（人）当り約 2 分とモデルで仮定した値に近くなっています．タクシーの待ち台数が 31 台，客の待ち人数は 19 人，平均待ち時間でも，タクシーが 5.03 分，客が 4.74 分とタクシーのほうが多く待っています．（表 5.5，表 5.6 において客の待ち時間，人数の部分に色を付けました．）

　待ち行列の指標をまとめて書きます．

　　　　タクシーの平均到着時間間隔　　　＝ 119.22/50 ＝ 2.38 （分/台）
　　　　タクシーの平均到着率　　　　　　＝ 50/119.22 ＝ 0.42 （台/分）
　　　　タクシーの待ち台数　　　　31 台

タクシーの最大待ち台数	6 台	
タクシーの待ち時間合計	= 155.93 分	
タクシーの平均待ち時間	= 155.93/31 = 5.03	（分/台）
客の平均到着時間間隔	= 119.29/50 = 2.39	（分/人）
客の平均到着率	= 50/119.29 = 0.42	（人/分）
客の待ち人数	19 人	
客の最大待ち人数	5 人	
客の待ち時間合計	= 90.15 分	
客の平均待ち時間	= 90.15/19 = 4.74	（分/人）

　今回のシミュレーションはタクシーと客が同じ平均到着時間間隔をもった乱数で行いましたから，タクシーと客の待ち行列の状態はほとんど同じでした．しかし，シミュレーションを 10 回，100 回，1000 回と実施してみると結果は変化していきます．さらに，タクシーと客で到着モデルを変えたり，タクシー乗り場を増やしたりするとまた違った結果が得られます．ぜひトライしてみてください．

（2） サービスのシミュレーション

例題 2　食堂のシミュレーション

　学生食堂の HIT カフェはいつも混雑しています．この混雑の状態を解消するために，待ち行列理論を用いて現状を解析することにしました．まず，昼休みの 1 時間に食堂の状態を調べました．その結果，学生は平均 100 人食堂にやってきます．食堂のメニューはカレー，ラーメン，そば，定食の 4 種類で窓口は1つ，4 人のアルバイトのおばさんが働いています．メニューごとのサービス（調理）時間と学生の注文の割合は表 5.7 のとおりです．100 人のすべての到着時間や待ち行列の状態は記録しませんでしたので，到着時間とサービス時間は乱数で作成することにしました．

表 5.7　サービス時間と割合

メニュー	サービス時間(分)	割合
カレー	0.5	0.15
ラーメン	3	0.20
定食	2	0.25
そば	1	0.40

1） 到着とサービスの乱数の作成

　学生は食堂へランダムに 1 時間当り平均 100 人到着すると仮定します．また，

注文は表 5.7 のような比率で行われるとします．まず，到着時間とサービス時間の乱数を作るために，0〜1 の乱数を 30 組発生させます．このデータから，HIT カフェがどのような混み具合になっているか再現してみましょう．発生させた乱数 30 組とサービスの乱数に対応した注文内容を表 5.8 に示します．

表 5.8　到着とサービスの乱数の発生と注文内容

NO	乱数 到着	乱数 サービス	注文	NO	乱数 到着	乱数 サービス	注文
1	0	0.14	カレー	16	0.26	0.34	ラーメン
2	0.48	0.63	そば	17	0.09	0.92	そば
3	0.33	0.40	定食	18	0.28	0.02	カレー
4	0.28	0.25	ラーメン	19	0.79	0.71	そば
5	0.51	0.63	そば	20	0.68	0.95	そば
6	0.64	0.76	そば	21	0.58	0.17	ラーメン
7	0.19	0.44	定食	22	0.37	0.40	定食
8	0.50	0.50	定食	23	0.28	0.44	定食
9	0.41	0.65	そば	24	0.73	0.87	そば
10	0.41	0.98	そば	25	0.01	0.31	ラーメン
11	0.14	0.22	ラーメン	26	0.02	0.37	定食
12	0.87	0.11	カレー	27	0.71	0.89	そば
13	0.68	0.25	ラーメン	28	0.30	0.69	そば
14	0.93	0.03	カレー	29	0.51	0.21	ラーメン
15	0.83	0.51	定食	30	0.21	0.20	ラーメン

表 5.9　注文への変換表

メニュー	割合	乱数
カレー	0.15	0.00〜0.14
ラーメン	0.20	0.15〜0.34
定食	0.25	0.35〜0.59
そば	0.40	0.60〜0.99

サービスの乱数から注文内容の決定について説明します．0 から 1 の乱数を表 5.9 のメニューの比率で割り付けます．つまり，0.00〜0.14 の乱数であればカレー，0.15〜0.34 の乱数であればラーメンというように決定します．表 5.8 の乱数では，NO1（1 番目）のサービスの乱数は 0.14 なので，注文はカレーです．また 10 番目の乱数は 0.98 ですから，注文はそばとなります．このように表 5.8 はできあがっています．Excel では，第 3 章でも使用した VLOOKUP 関数を使用してサービスの乱数から注文内容を決定しています．

2）到着時間間隔への変換

学生は食堂へランダムに到着しますから，到着時間間隔は指数分布に従います．1 時間（60 分）に平均 100 人到着しますから，平均 μ は，

$$\mu = 100/60 = 5/3 \quad （人/分）$$

となります．この $\mu = 5/3$ を式(5.2)に代入すると，

$$\text{学生の到着時間}: u = -\frac{1}{\mu} \ln(x)$$

$$= -3/5 \ln(x) = -0.6 \ln(x) \qquad (5.5)$$

となります．式(5.5)の x に 0 から 1 の乱数を代入することによって到着時間間隔 u に変換されます．変換された数値を表 5.10 に示します．

表 5.10　到着時間間隔の計算

NO	乱数 到着	乱数 サービス	到着 間隔	経過 時間	NO	乱数 到着	乱数 サービス	到着 間隔	経過 時間
1	0	0.14	0	0	16	0.26	0.34	0.81	7.47
2	0.48	0.63	0.44	0.44	17	0.09	0.92	1.44	8.91
3	0.33	0.40	0.67	1.11	18	0.28	0.02	0.76	9.67
4	0.28	0.25	0.76	1.87	19	0.79	0.71	0.14	9.81
5	0.51	0.63	0.40	2.27	20	0.68	0.95	0.23	10.04
6	0.64	0.76	0.27	2.54	21	0.58	0.17	0.33	10.37
7	0.19	0.44	1.00	3.54	22	0.37	0.40	0.60	10.97
8	0.50	0.50	0.42	3.96	23	0.28	0.44	0.76	11.73
9	0.41	0.65	0.53	4.49	24	0.73	0.87	0.19	11.92
10	0.41	0.98	0.53	5.02	25	0.01	0.31	2.76	14.68
11	0.14	0.22	1.18	6.20	26	0.02	0.37	2.35	17.03
12	0.87	0.11	0.08	6.28	27	0.71	0.89	0.21	17.24
13	0.68	0.25	0.23	6.51	28	0.30	0.69	0.72	17.96
14	0.93	0.03	0.04	6.55	29	0.51	0.21	0.40	18.36
15	0.83	0.51	0.11	6.66	30	0.21	0.20	0.94	19.30

NO10 と NO20 のデータ (表 5.10 の色つきのデータ) で確かめてみましょう．NO10 の乱数は 0.41 ですから，

$$u = -0.6 \times \ln(0.41) = -0.6 \times (-0.8916) = 0.53$$

また，NO20 の乱数は 0.68 ですから，

$$u = -0.6 \times \ln(0.68) = -0.6 \times (-0.3857) = 0.23$$

と計算されます．なお，経過時間は到着間隔の時間を累積した時間です．

3) サービス時間，待ち時間および空き時間の計算

次に，サービスの時刻を計算します．これは少し複雑です．学生が食堂に着いて食事を受け取る窓口が空いていれば，決められた調理時間後に注文した品をもらえます．ラーメンですと 3 分後にできあがります．しかし，他の学生がいればその行列の後ろで待ち，自分の順番がきて，注文品ができあがってから受

5.2 待ち行列のシミュレーション

け取ります.

サービスの時間を計算するステップは次のようになります.

- ステップ1: ある学生が到着した時間(経過時間)と窓口でのサービス終了時刻を比較する
- ステップ2: 窓口が空いていれば(到着時間 ≧ サービス終了時刻),注文品のサービス(調理時間)の終了後に注文品を受け取る.
- ステップ3: 窓口がふさがっていれば(到着時間 < サービス終了時刻),他の学生のサービスが終了し,自分のサービス時間後に注文品を受け取る.

このステップで計算した表を示します(表 5.11).

表 5.11 サービス時間の計算

NO	乱数		到着		サービス		
	到着	サービス	到着間隔	経過時間	開始時刻	調理時間	終了時刻
1	0	0.14	0	0	0	0.5	0.50
2	0.48	0.63	0.44	0.44	0.50	1	1.50
3	0.33	0.40	0.67	1.11	1.50	2	3.50
4	0.28	0.25	0.76	1.87	3.50	3	6.50
5	0.51	0.63	0.40	2.27	6.50	1	7.50
6	0.64	0.76	0.27	2.54	7.50	1	8.50
7	0.19	0.44	1.00	3.54	8.50	2	10.50
8	0.50	0.50	0.42	3.96	10.50	2	12.50
9	0.41	0.65	0.53	4.49	12.50	1	13.50
10	0.41	0.98	0.53	5.02	13.50	1	14.50
11	0.14	0.22	1.18	6.20	14.50	3	17.50
12	0.87	0.11	0.08	6.28	17.50	0.5	18.00
13	0.68	0.25	0.23	6.51	18.00	3	21.00
14	0.93	0.03	0.04	6.55	21.00	0.5	21.50
15	0.83	0.51	0.11	6.66	21.50	2	23.50
16	0.26	0.34	0.81	7.47	23.50	3	26.50
17	0.09	0.92	1.44	8.91	26.50	1	27.50
18	0.28	0.02	0.76	9.67	27.50	0.5	28.00
19	0.79	0.71	0.14	9.81	28.00	1	29.00
20	0.68	0.95	0.23	10.04	29.00	1	30.00
21	0.58	0.17	0.33	10.37	30.00	3	33.00
22	0.37	0.40	0.60	10.97	33.00	2	35.00
23	0.28	0.44	0.76	11.73	35.00	2	37.00
24	0.73	0.87	0.19	11.92	37.00	1	38.00
25	0.01	0.31	2.76	14.68	38.00	3	41.00
26	0.02	0.37	2.35	17.03	41.00	2	43.00
27	0.71	0.89	0.21	17.24	43.00	1	44.00
28	0.30	0.69	0.72	17.96	44.00	1	45.00
29	0.51	0.21	0.40	18.36	45.00	3	48.00
30	0.21	0.20	0.94	19.30	48.00	3	51.00

表 5.11 の作り方を説明します．

最初に VLOOKUP 関数を使ってサービスの乱数からサービス (調理) 時間を求めます．つまり，1 人目のサービスの乱数は 0.14 ですから，注文はカレー，サービス時間は 0.5 分となります．次に IF 関数を使用して，到着時刻とサービス終了時刻を比較して，サービスが開始できるか，待たなくてはいけないかを判断します．

内容をチェックしてみましょう．5 人分のデータを表 5.12 に示します．

表 5.12　5 人分のサービス時間

NO	乱数		注文	到着		サービス		
	到着	サービス		到着間隔	経過時間	開始時刻	調理時間	終了時刻
1	0	0.14	カレー	0	0	0	0.5	0.50
2	0.48	0.63	そば	0.44	0.44	0.50	1	1.50
3	0.33	0.40	定食	0.67	1.11	1.50	2	3.50
4	0.28	0.25	ラーメン	0.76	1.87	3.50	3	6.50
5	0.51	0.63	そば	0.40	2.27	6.50	1	7.50

1 人目の学生は，0 分に到着し，サービスの乱数が 0.14 ですので，カレーを注文しました．最初の学生ですから窓口は空いていて，0.50 分後にカレーを受け取ります．そばを注文した 2 人目の学生は 0.44 分に到着．しかし，窓口は 1 人目が注文したカレーを処理しており 0.50 分に終了しますので，2 人目の学生は，**0.50 − 0.44 = 0.06** 分待つことになります．0.50 分になって 2 人目の学生のサービスが開始され，そばのサービス時間である 1 分後，経過時間で 1.50 分に受け取ります．次の 3 人目の学生は 1.11 分に到着していますが，窓口では 2 人目のそばの調理中ですので，**1.50 − 1.11 = 0.39** 分待って，注文した定食をもらえます．同様に，4 人目は 1.63 分，5 人目は 4.23 分も待つことになり，窓口が混んできたことがわかります．

学生の待ち時間と窓口の空き時間さらに窓口での待ち人数を計算した表を表 5.13 にまとめました．

5.2 待ち行列のシミュレーション

表 5.13 待ち時間，空き時間，待ち人数の計算

No.	乱数 到着	乱数 サービス	窓口1 注文	到着 到着間隔	到着 経過時間	サービス 開始時刻	サービス 調理時間	サービス 終了時刻	待ち時間	空き時間	待ち人数
1	0	0.14	カレー	0	0	0	0.5	0.50	0	0	0
2	0.48	0.63	そば	0.44	0.44	0.50	1	1.50	0.06	0	1
3	0.33	0.40	定食	0.67	1.11	1.50	2	3.50	0.39	0	1
4	0.28	0.25	ラーメン	0.76	1.87	3.50	3	6.50	1.63	0	3
5	0.51	0.63	そば	0.40	2.27	6.50	1	7.50	4.23	0	8
6	0.64	0.76	そば	0.27	2.54	7.50	1	8.50	4.96	0	11
7	0.19	0.44	定食	1.00	3.54	8.50	2	10.50	4.96	0	10
8	0.50	0.50	定食	0.42	3.96	10.50	2	12.50	6.54	0	14
9	0.41	0.65	そば	0.53	4.49	12.50	1	13.50	8.01	0	16
10	0.41	0.98	そば	0.53	5.02	13.50	1	14.50	8.48	0	15
11	0.14	0.22	ラーメン	1.18	6.20	14.50	3	17.50	8.30	0	14
12	0.87	0.11	カレー	0.08	6.28	17.50	0.5	18.00	11.22	0	16
13	0.68	0.25	ラーメン	0.23	6.51	18.00	3	21.00	11.49	0	16
14	0.93	0.03	カレー	0.04	6.55	21.00	0.5	21.50	14.45	0	17
15	0.83	0.51	定食	0.11	6.66	21.50	2	23.50	14.84	0	16
16	0.26	0.34	ラーメン	0.81	7.47	23.50	3	26.50	16.03	0	15
17	0.09	0.92	そば	1.44	8.91	26.50	1	27.50	17.59	0	14
18	0.28	0.02	カレー	0.76	9.67	27.50	0.5	28.00	17.83	0	13
19	0.79	0.71	そば	0.14	9.81	28.00	1	29.00	18.19	0	12
20	0.68	0.95	そば	0.23	10.04	29.00	1	30.00	18.96	0	11
21	0.58	0.17	ラーメン	0.33	10.37	30.00	3	33.00	19.63	0	10
22	0.37	0.40	定食	0.60	10.97	33.00	2	35.00	22.03	0	9
23	0.28	0.44	定食	0.76	11.73	35.00	2	37.00	23.27	0	8
24	0.73	0.87	そば	0.19	11.92	37.00	1	38.00	25.08	0	7
25	0.01	0.31	ラーメン	2.76	14.68	38.00	3	41.00	23.32	0	6
26	0.02	0.37	定食	2.35	17.03	41.00	2	43.00	23.97	0	5
27	0.71	0.89	そば	0.21	17.24	43.00	1	44.00	25.76	0	4
28	0.30	0.69	そば	0.72	17.96	44.00	1	45.00	26.04	0	3
29	0.51	0.21	ラーメン	0.40	18.36	45.00	3	48.00	26.64	0	2
30	0.21	0.20	ラーメン	0.94	19.30	48.00	3	51.00	28.70	0	1
								合計	432.60	0	278
								平均	14.92	0	9.3

30人全体のデータでは，食堂に来る人数が増えてくると待ち時間，待ち人数が増えています．最後の30人目の学生はラーメンを食べるまでに28.70分，約30分も待ちます．また，待ち人数の最大は14人目の学生場合で，サービス(そば)が終了する21.50分には自分も入れて17人も並んで待っています．この状態ではとても昼休みの時間内に食事を取るのは無理なようですね．早急な対策が必要です．

待ち行列の指標をまとめてみました．

$$\text{平均到着時間間隔} = 19.3/30 = 0.64 \text{（分/人）}$$
$$\text{平均到着率} = 30/19.3 = 1.55 \text{（人/分）}$$

待ち人数　　　　　　29 人
待ち人数合計　　　　278 人
平均待ち人数　　　＝ 278/30　　＝ 9.3（人/サービス）
最大待ち人数　　　17 人
待ち時間合計　　　＝ 432.60 分
平均待ち時間　　　＝ 432.60/29 ＝ 14.92（分/人）

（3）食堂の混雑の改善

例題 3　窓口の増設

窓口が 1 つの現状の HIT カフェでは待ち時間が多く，学生が昼休み内に食事を取ることは不可能であることがわかりました．それではこの混雑の解決策を考えてみましょう．単純に窓口を 2 つにしてはどうでしょうか．ひとつの窓口を「めん類コーナー」としてラーメンとそばを扱います，もうひとつを「ごはん類コーナー」としてカレーと定食を提供します．窓口を 2 つにするとどのくらい混雑が解消されるか，前項と同じ到着，サービスのデータで確かめてみましょう．

1）到着データの分類

表 5.5，表 5.6 のデータを窓口 1（ごはん類）と窓口 2（めん類）に層別します（表 5.14，表 5.15）．窓口 1（ごはん類）ではカレーが 4 人，定食が 7 人の合計 11 人の食事をサービスしています．

表 5.14　窓口 1（ごはん類）のデータ

NO	乱数		窓口1	到着	
	到着	サービス	注文	到着間隔	経過時間
1	0	0.14	カレー	0	0
3	0.33	0.40	定食	0.67	1.11
7	0.19	0.44	定食	1.00	3.54
8	0.50	0.50	定食	0.42	3.96
12	0.87	0.11	カレー	0.08	6.28
14	0.93	0.03	カレー	0.04	6.55
15	0.83	0.51	定食	0.11	6.66
18	0.28	0.02	カレー	0.76	9.67
22	0.37	0.40	定食	0.60	10.97
23	0.28	0.44	定食	0.76	11.73
26	0.02	0.37	定食	2.35	17.03

続けて，窓口 2（めん類）のデータです（表 5.15）．

5.2 待ち行列のシミュレーション

表 5.15 窓口 2 (めん類) のデータ

NO	乱数 到着	乱数 サービス	窓口2 注文	到着 到着間隔	到着 経過時間
2	0.48	0.63	そば	0.44	0.44
4	0.28	0.25	ラーメン	0.76	1.87
5	0.51	0.63	そば	0.40	2.27
6	0.64	0.76	そば	0.27	2.54
9	0.41	0.65	そば	0.53	4.49
10	0.41	0.98	そば	0.53	5.02
11	0.14	0.22	ラーメン	1.18	6.20
13	0.68	0.25	ラーメン	0.23	6.51
16	0.26	0.34	ラーメン	0.81	7.47
17	0.09	0.92	そば	1.44	8.91
19	0.79	0.71	そば	0.14	9.81
20	0.68	0.95	そば	0.23	10.04
21	0.58	0.17	ラーメン	0.33	10.37
24	0.73	0.87	そば	0.19	11.92
25	0.01	0.31	ラーメン	2.76	14.68
27	0.71	0.89	そば	0.21	17.24
28	0.30	0.69	そば	0.72	17.96
29	0.51	0.21	ラーメン	0.40	18.36
30	0.21	0.20	ラーメン	0.94	19.30

窓口 2 (めん類) では学生 19 人に対し, ラーメンが 8 食, そばが 11 食, 合計 19 食サービスされています.

2) サービス時間, 待ち時間の計算

窓口 1 と窓口 2 でのサービス時間, 待ち時間, 空き時間, 待ち人数を計算します (表 5.16, 表 5.17).

表 5.16 待ち時間, 空き時間, 待ち人数の計算 (窓口 1)

窓口1 注文	到着 到着間隔	到着 経過時間	ごはん類 開始時刻	ごはん類 時間	ごはん類 終了時刻	待ち時間	空き時間	待ち人数
カレー	0	0	0	0.5	0.50	0	0	0
定食	0.67	0.67	0.67	2	2.67	0	0.17	0
定食	1.00	1.67	2.67	2	4.67	1.00	0	5
定食	0.42	2.09	4.67	2	6.67	2.58	0	7
カレー	0.08	2.17	6.67	0.5	7.17	4.50	0	6
カレー	0.04	2.21	7.17	0.5	7.67	4.96	0	6
定食	0.11	2.32	7.67	2	9.67	5.35	0	5
カレー	0.76	3.08	9.67	0.5	10.17	6.59	0	4
定食	0.60	3.68	10.17	2	12.17	6.49	0	3
定食	0.76	4.44	12.17	2	14.17	7.73	0	2
定食	2.35	6.79	14.17	2	16.17	7.38	0	1
					合計	46.58	0.17	39
					平均	5.18	0.17	3.5

窓口1(ごはん類)の結果(表 5.16)では,待ち時間の平均が 5.18 分,待ち人数の平均も 3.5 人ですから,かなり改善されました.しかし,最大の待ち人数が 7 人で最大の待ち時間は 7.73 分ですので,まだ少し待ち時間が長いようですね.

続いて窓口2(めん類)の結果です(表 5.17).

表 5.17 待ち時間,空き時間,待ち人数の計算(窓口2)

窓口2	到着		めん類			待ち時間	空き時間	待ち人数
注文	到着間隔	経過時間	開始時刻	調理時間	終了時刻			
そば	0	0	0	1	1.00	0	0	0
ラーメン	0.76	0.76	1.00	3	4.00	0.24	0	1
そば	0.40	1.16	4.00	1	5.00	2.84	0	6
そば	0.27	1.43	5.00	1	6.00	3.57	0	6
そば	0.53	1.96	6.00	1	7.00	4.04	0	5
そば	0.53	2.49	7.00	1	8.00	4.51	0	8
ラーメン	1.18	3.67	8.00	3	11.00	4.33	0	8
ラーメン	0.23	3.90	11.00	3	14.00	7.10	0	10
ラーメン	0.81	4.71	14.00	3	17.00	9.29	0	11
そば	1.44	6.15	17.00	1	18.00	10.85	0	10
そば	0.14	6.29	18.00	1	19.00	11.71	0	9
そば	0.23	6.52	19.00	1	20.00	12.48	0	8
ラーメン	0.33	6.85	20.00	3	23.00	13.15	0	7
そば	0.19	7.04	23.00	1	24.00	15.96	0	6
ラーメン	2.76	9.80	24.00	3	27.00	14.20	0	5
そば	0.21	10.01	27.00	1	28.00	16.99	0	4
そば	0.72	10.73	28.00	1	29.00	17.27	0	3
ラーメン	0.40	11.13	29.00	3	32.00	17.87	0	2
ラーメン	0.94	12.07	32.00	3	35.00	19.93	0	1
					合計	186.33	0	110
					平均	10.35	0	5.8

窓口 2 も待ち時間の平均が 10.35 分,待ち人数の平均が 5.8 人と良くなっています.しかし,最後にラーメンを頼んだ学生は 19.93 分,約 20 分待たなくてはいけませんし,最大の待ち人数は 11 人ですからまだ多くの学生が並んで待っています.

最後に,現状と窓口を 2 つにした場合の結果を表 5.18 にまとめます.

表 5.18 現状と窓口が 2 つの場合の結果

	現状	窓口 1	窓口 2
平均到着時間間隔	0.643	0.617	0.635
平均到着率	1.554	1.620	1.574
待ち人数	29	9	18
待ち人数合計	278	39	110
平均待ち人数	9.3	3.5	5.8
最大待ち人数	17	7	11
待ち時間合計	432.60	46.58	186.33
平均待ち時間	14.92	5.18	10.35

窓口を 2 つにすると待ち時間，人数ともに減少し，改善されることがわかりました．しかし，これは 1 回のシミュレーションの結果ですので，ほんとうにどの程度改善されるかを判断するには，もっと多くの回数のシミュレーションを実施する必要があります．

以上，待ち行列のシミュレーションも Excel を利用すると比較的簡単に実施できました．本格的なシミュレーション・システムにするためには，VBA (Visual Basic Application) を使用しなくてはいけませんが，良い参考書がたくさん出ていますので，ぜひ挑戦してみてください．

5.3 Excel 計算表の作り方

(1) 待ち台数，待ち人数の計算

FREQUENCY 関数を用いて待ち台数と待ち人数を求める方法を説明します（表 5.19）．

NO1 のタクシーは 1.94 分に到着しますが，その間に NO1 の客が 0.02 分に，NO2 の客が 1.25 分に着いていますので，NO1 のタクシーが到着したときの客の待ち人数が 1 となります．これを FREQUENCY 関数を用いて計算します．

つまり，

「NO1 のタクシーが到着した時刻 1.94 分より小さい値が客の到着データの中に何件あるか？」

という設問にすると，FREQUENCY 関数が利用できることがわかります．

NO1の待ち人数のセルの内容は

=FREQUENCY(J6:$J$15,E6)

となります(表 5.19).

表 5.19 セル固定の内容

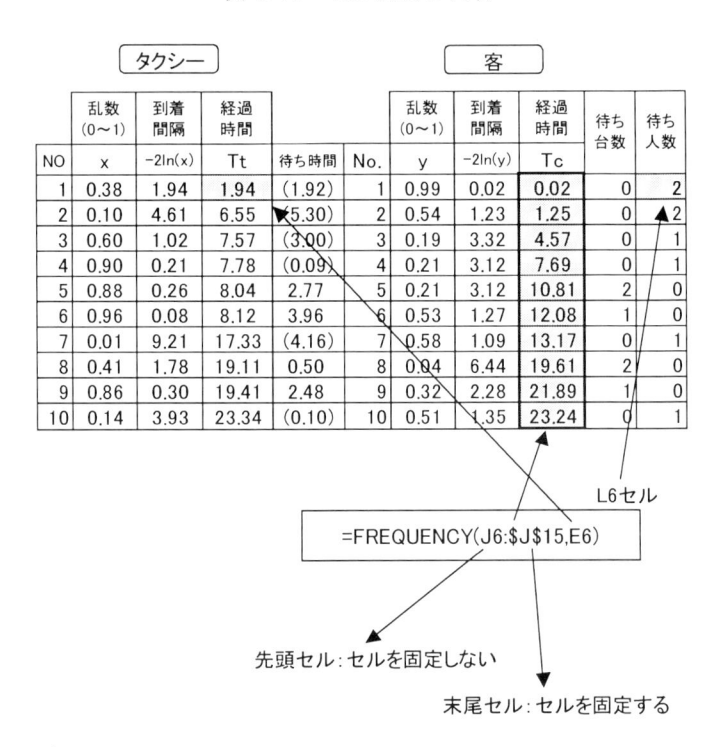

タクシー						客				
NO	乱数(0~1) x	到着間隔 -2ln(x)	経過時間 Tt	待ち時間	No.	乱数(0~1) y	到着間隔 -2ln(y)	経過時間 Tc	待ち台数	待ち人数
1	0.38	1.94	1.94	(1.92)	1	0.99	0.02	0.02	0	2
2	0.10	4.61	6.55	(5.30)	2	0.54	1.23	1.25	0	2
3	0.60	1.02	7.57	(3.00)	3	0.19	3.32	4.57	0	1
4	0.90	0.21	7.78	(0.09)	4	0.21	3.12	7.69	0	1
5	0.88	0.26	8.04	2.77	5	0.21	3.12	10.81	2	0
6	0.96	0.08	8.12	3.96	6	0.53	1.27	12.08	1	0
7	0.01	9.21	17.33	(4.16)	7	0.58	1.09	13.17	0	1
8	0.41	1.78	19.11	0.50	8	0.04	6.44	19.61	2	0
9	0.86	0.30	19.41	2.48	9	0.32	2.28	21.89	1	0
10	0.14	3.93	23.34	(0.10)	10	0.51	1.35	23.24	0	1

L6セル

=FREQUENCY(J6:$J$15,E6)

先頭セル:セルを固定しない

末尾セル:セルを固定する

NO2 のデータでは,

「NO2 のタクシーが到着した時間 6.55 分より小さい値が NO2 以降の客の到着データの中に何件あるか?」

という問題になりますので,NO2 の待ち人数のセルの内容は,

=FREQUENCY(J7:$J$15,E7)

となり,検索するデータの範囲の先頭セルが NO2 の客の経過時間となっています.つまり,データの範囲の先頭セルは到着 NO に従って移動することがわかります.この理由でデータの範囲の先頭セルは固定せず,最後のセルだけを固定しています.

5.3 Excel 計算表の作り方

NO1 の待ち人数のセル(L6セル)に

=FREQUENCY(J6:$J$15,E6)

と入力して，2 という結果が得られたら，この式を待ち人数の範囲のセルにコピーすると，自動的に残りの待ち人数の値が求まります．

NO50 まで求めるときは，末尾セルを NO50 のセル($J$55)に変更します．

=FREQUENCY(J6:$J$55,E6)

食堂のシミュレーションにおける待ち人数の計算も FREQUENCY 関数を用いて同じように計算できます．

(2) サービスの乱数から注文内容への変換

次は VLOOKUP 関数を利用してサービスの乱数を注文内容へ対応させる方法を説明します(表 5.20)．

注文の比率に従って乱数から注文内容に変換させるための表を作り，この表から VLOOKUP 関数を使用して対応付けを行います．

表 5.20 VLOOKUP 関数を利用した対応付け

No.	乱数		窓口1
	到着	サービス	注文
1	0	0.14	カレー
2	0.48	0.68	そば
3	0.33	0.40	定食
4	0.28	0.25	ラーメン
5	0.51	0.63	そば

乱数からの変換表

乱数	時間	メニュー
0	0.5	カレー
0.15	3	ラーメン
0.35	2	定食
0.60	1	そば

D6セル　検索値　検索範囲　3列目

=VLOOKUP(C6,$N$7:$P$10,3)

この場合も NO1 セルの注文内容が取り出せたら，この式を残りの注文の列の範囲にコピーします．

(3) サービス時間の計算

ある学生が食堂に到着したとき，窓口が空いていればすぐサービスを受けられ，混んでいれば待たなくてはならない，という場合分けの計算を IF 関数を利用して行

います(表 5.21).

表 5.21　サービス開始の計算

注文	到着		サービス		
	到着間隔	経過時間	開始時刻	調理時間	終了時刻
カレー	0	0	0	0.5	0.50
そば	0.44	0.44	0.50	1	1.50
定食	0.67	1.11	1.50	2	3.50
ラーメン	0.76	1.87	3.50	3	6.50
そば	0.40	2.27	6.50	1	7.50

G7セル
=IF(F7>I6,F7,I6)

IF 関数の内容は，経過時間つまり到着時刻(NO2 の 0.44 分)とサービスの終了時刻(NO1 の 0.50 分)を比較し，

　もし，到着時刻がサービス終了時刻より大きければ，
　　　到着時刻が次のサービス開始時刻となる．
　そうでなければ，つまりまだサービス中であれば，
　　　サービスの終了時刻が次のサービスの開始時刻となる，

という意味です．

表 5.21 では，NO2 の学生が到着した 0.44 分の時点で，はまだ NO1 のカレーの調理中ですので，これが終了する 0.50 分が NO2 のサービス(そば)の開始時刻となります．

この計算も NO2 のサービス開始時刻のセルに式を入力して正しい値が得られたら，残りの開始時刻のセルの範囲に式をコピーします．

以上の計算は窓口が 2 つの場合にも同じように適用できます．

演習問題

問題 5.1

例題1のタクシーのシミュレーションを20回実施してタクシーと客の待ち行列の変化を調べなさい．

問題 5.2

例題1おいて，客の到着が1時間に40人に増えた場合について，シミュレーションで検討しなさい．タクシーの到着は1時間に30台で同じとします．

問題 5.3

例題1と例題2の食堂のシミュレーションを20回実施して，窓口の混雑がどのように変化するかを報告してください．

問題 5.4

ある新聞店では新聞を80円で仕入，120円で売っています．客は1日平均10人ランダムに来店します．このとき新聞を何部仕入れておけば利益が一番多くなるかをシミュレーションで検討してください．平均10のポアソン乱数を100個発生させて，この乱数を100日分の需要データとして解析してください．

第6章 その他の基礎知識

6.1 統計的基礎知識

(1) 正規分布

化学分析の際の測定値の誤差の分布や多くの受験生が受けるセンター試験の得点の分布などに仮定される統計的に最も重要な正規分布(Normal Distribution)について説明します.正規分布の式は次のように表されます.

$$f(x) = \frac{1}{\sigma\sqrt{2\pi}} e^{-\frac{(x-\mu)^2}{2\sigma^2}} \tag{6.1}$$

式(6.1)は少し複雑ですからおぼえる必要はありませんが,以下の 4 点は重要な性質ですので頭に入れておきましょう.

a) 分布は左右対称で,分布の形を決めるパラメータは平均(μ)と標準偏差(σ)である.

b) 平均(μ)と標準偏差(σ)をもつ正規分布を $N(\mu, \sigma^2)$ で表す.
(慣習として σ^2(標準偏差^2=分散)で表わします.)

c) 正規分布 $N(\mu, \sigma^2)$ は,以下の基準化の式で変換することによって,平均=0,標準偏差=1 の標準正規分布 $N(\mu, \sigma^2)$ になる.

$$\text{基準化の式:} \quad z = \frac{(x-\mu)}{\sigma} \tag{6.2}$$

6.1 統計的基礎知識 143

d) 標準正規分布 $N(\mu, \sigma^2)$ から任意の値 x に対する確率 p を求めたり，逆に確率 p となるような x 値を求めるために，従来から正規分布表が提供されている．Excel には確率 p を求める関数(NORMDIST 関数と NORMSDIST 関数)と正規分布関数の値 x を求める関数(NORMINV 関数と NORMSINV 関数)があり，p や x が簡単に得られる．

例題で a)～d)の性質を確かめてみましょう．

まず，正規分布のグラフを描いてみます．

図 6.1 に平均 μ =30, 標準偏差=10 の正規分布 $N(30,10^2)$ を示します．

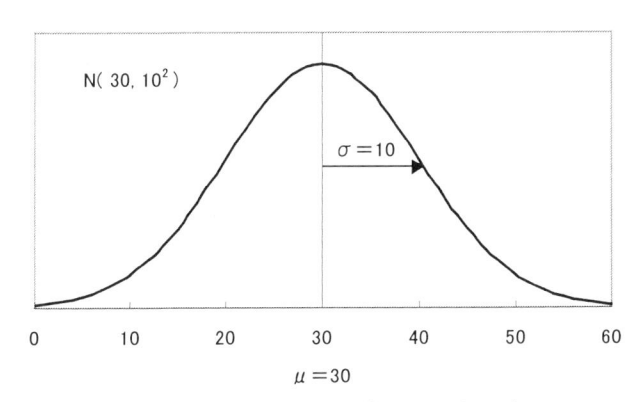

図 6.1 平均 30, 標準偏差 10 の正規分布

これを，$z = \dfrac{(x-\mu)}{\sigma} = \dfrac{(x-30)}{10}$ と変換すると，

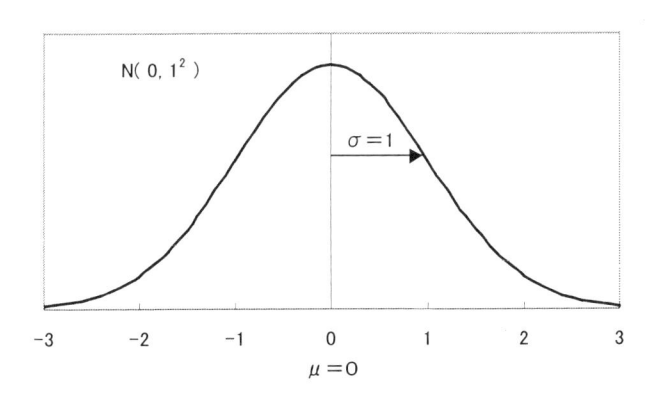

図 6.2 平均 0, 標準偏差 1 の標準正規分布

平均 0, 標準偏差 1 の標準正規分布 $N(0,1^2)$ となります(図 6.2)．

例題1 ある商品の需要が平均 $\mu=30$（個），標準偏差=10 の正規分布に従っていると仮定します．このとき，

1) 40個以上売れる確率 $\Pr(x \geq 40)$ はいくらですか？
2) 10個までしか売れない確率 $\Pr(x<10)$ はいくらですか？

（解答）

1) Excel の関数を利用して $\Pr(x \geq 40)$ を求めます．

a) NORMDIST 関数を用いる場合

NORMDIST 関数のパラメータは，

$$\text{NORMDIST}(x, 平均, 標準偏差, 関数形式)$$

ただし，関数形式 = 0（関数値の計算）
= 1（確率の計算）

ですので，x=40, 平均=30, 標準偏差=10, 関数形式=1（確率の計算）を代入して，

$$\Pr(x \geq 40) = 1 - \text{NORMDIST}(40, 30, 10, 1) = 1 - 0.841 = 0.159$$

と求まります．

b) NORMSDIST 関数を用いる場合

NORMSDIST 関数の書式は，基準化された z に対して，

$$\text{NORMSDIST}(z)$$

ですので，次のように基準化し，

$$z = \frac{(x-\mu)}{\sigma} = \frac{(40-30)}{10} = \frac{10}{10} = 1.0$$

この z=1.0 を代入して，

$$\Pr(x \geq 40) = \Pr(z \geq 1.0) = 1 - \text{NORMSDIST}(1.0) = 1 - 0.841 = 0.159$$

としても同じ値が得られます．

2) 1)と同様に $\Pr(x<10)$ を求めます．

a) NORMDIST 関数を用いる場合

NORMDIST 関数の書式は，

$$\text{NORMDIST}(x, 平均, 標準偏差, 関数形式)$$

ですので，x=10, 平均=30, 標準偏差=10, 関数形式=1（確率の計算）を代入して，

6.1 統計的基礎知識

$$\Pr(x<10) = \text{NORMDIST}(10, 30, 10, 1) = 0.023$$

と求まります.

b) NORMSDIST 関数を用いる場合

NORMSDIST 関数の書式は, 基準化された z に対して,

$$\text{NORMSDIST}(z)$$

ですので, 次のように基準化し,

$$z = \frac{(x-\mu)}{\sigma} = \frac{(10-30)}{10} = -\frac{20}{10} = -2.0$$

この z=−2.0 を代入して,

$$\Pr(x<10) = \Pr(z<-2.0) = \text{NORMSDIST}(-2.0) = 0.023$$

としても同じ値が得られます.

元の正規分布と基準化後の標準正規分布との関係を図6.3に示します.

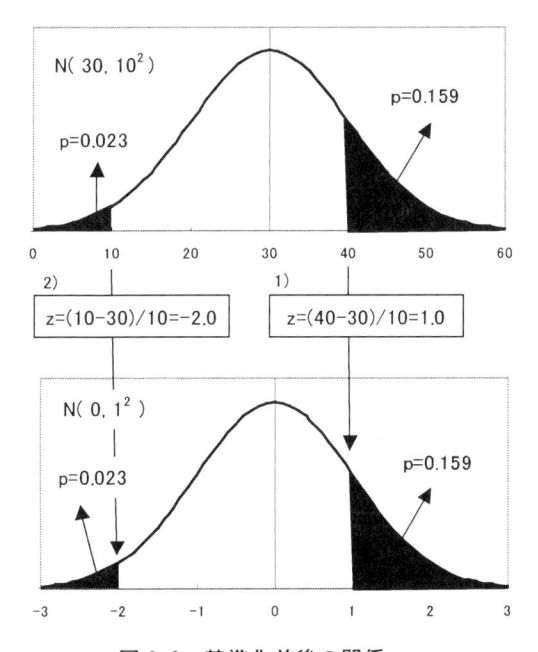

図 6.3 基準化前後の関係

例題2 同じく商品の需要が平均 $\mu=30$(個),標準偏差=10 の正規分布に従っていると仮定します.このとき,品切れが 10%しか起きないように安全在庫を決めたいと思います.何個にしたらよいでしょうか?

(解答)

標準正規分布 $N(0,1^2)$ で上位 10%の点の値 z は,

$$z = \text{NORMSINV}(0.90) = 1.28$$

と求まります.

この z=1.28 の値を $N(30,10^2)$ 上の点 x に変換するには,式(6.2)を x について解いて,

$$x = \mu + \sigma z \quad (6.3)$$
$$= 30+10*1.28 = 30+12.8$$
$$= 42.8$$

と計算されます.

すなわち,品切れ率が 10%の点は 42.8 個であり,安全在庫は 12.8 個となります(図 6.4).

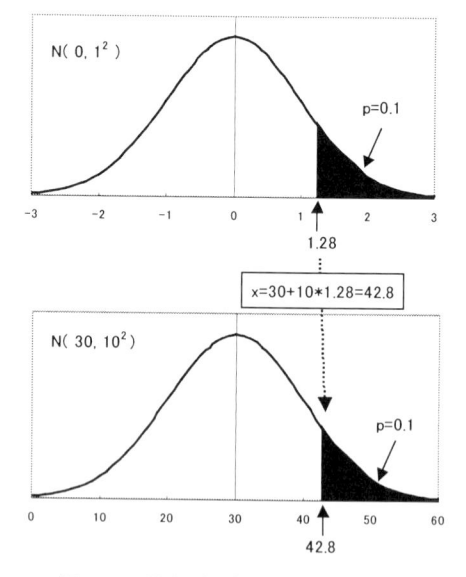

図 6.4 品切れ率 10%の点

(2) ポアソン分布

客やタクシーのランダムな到着のモデルとして仮定したポアソン分布は，次のような式で表されます．

$$p(x) = \frac{\lambda^x e^{-\lambda}}{x!} \tag{6.4}$$

ここで，λ はポアソン分布の平均です．

x! は x の階乗を表します．

式(6.4)も難しい式です．しかし，Excelにはポアソン分布を扱うPOISSON関数が用意されていますので，式の内容の吟味は後に回して，ポアソン分布の使い方を例題で見てみましょう．

例題 3 ある店に来店するお客の人数はランダムで平均5(人)のポアソン分布に従っています．
1) この店に1人しか客が来ない確率 $\Pr(x=1)$ はいくらですか？
2) この店に10人以上のお客が来る確率 $\Pr(x \geq 10)$ はいくらですか？
3) 1年間に全く客が来ない日は何日ぐらいありますか？

(解答)

まず，平均 $\lambda=5$ のポアソン分布を図示します(図 6.5)．

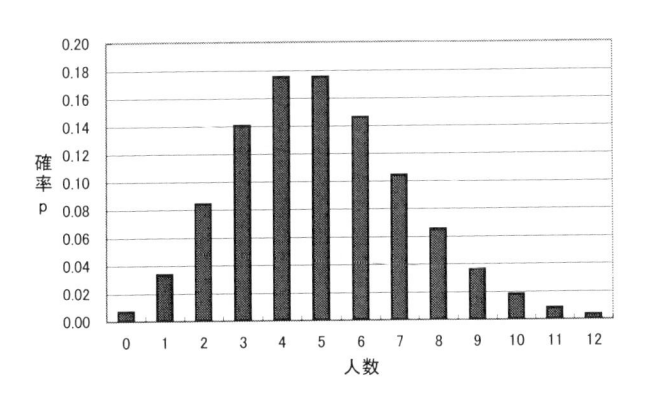

図 6.5 平均 5 のポアソン分布

1) ExcelのPOISSON関数を用います.

POISSON関数の書式は,
    POISSON(イベント数, 平均, 関数形式)
        ただし, 関数形式 = 0(イベント数の確率)
                    = 1(0からイベント数までの累積の確率)

ですので, イベント数=1, 平均=5, 関数形式=0を代入して,

$$\Pr(x=1) = \text{POISSON}(1,5,0) = 0.034$$

と求まります. つまり, 来客が1人の確率は3.4%です.

2) 同様にPOISSON関数を用いますが, 10人以上の確率ですから, 0人から9人まで来客する累積の確率を求めて, 1から引いて求めます.

つまり,

$$\Pr(x \geqq 10) = 1 - \text{POISSON}(9,5,1)$$

(9人までの累積の確率ですから関数形式は1となります.)

$$= 1 - 0.968 = 0.032$$

と計算されます. 客が10人以上来る確率は3.2%となります.

3) まず, 客が来ない(0人)の確率を求めます.

$$\Pr(x=0) = \text{POISSON}(0,5,0) = 0.007$$

ですから, この確率に365日を掛けて,

$$0.007 * 365 = 2.6 (日)$$

となります. 客が全く来ない日は1年間で3日ぐらいありそうですね.

6.2 使用した Excel 関数

(1) 使用関数一覧

本書では次のような Excel の関数を利用しました(表 6.1).

表 6.1 使用した関数表

統計関数	AVERAGE	平均
	STDEV	標準偏差
	FREQUENCY	度数をカウント
	MORMDIST	正規分布の確率
	NORMSDIST	標準正規分布の確率
	NORMINV	正規分布の関数値
	NORMSINV	標準正規分布の関数値
	POISSON	ポアソン分布
検索／行列	VLOOKUP	値を表から検索
	MATCH	検索位置の計算
論理	IF	条件に基づいた処理
数学	MMULT	行列の乗算
	MINVERSE	逆行列の計算
	LN	自然対数の計算
	SQRT	平方根の計算
	INT	整数に変換
	CEILING	値を基準単位に丸める

この中から FREQUENCY 関数, VLOOKUP 関数, MATCH 関数について説明します.

(2) FREQUENCY 関数

FREQUENCY 関数はある範囲内にあるデータの度数をカウントする関数です. 関数の書式は,

FREQUENCY(データ配列, 区間配列)

です.

この FREQUENCY 関数は, 本書では,「第 5 章 待ち行列」の中でタクシーの待ち台数と客の待ち人数の計算で使用しました. また,「第 4 章 在庫管理」の中の需要データの度数を求めるときにも使用しました.

ここでは需要データの度数計算の際の FREQUENCY 関数の使用方法を説明します. まず, データ配列となる 10 週間(70 個)の需要データ(表 4.1)を再掲します.

表 6.2　需要データ（再掲）

	1週目	2週目	3週目	4週目	5週目	6週目	7週目	8週目	9週目	10週目
月	22	24	30	38	38	43	46	48	29	38
火	23	55	40	27	26	13	28	6	19	29
水	30	39	28	53	5	29	23	35	2	40
木	37	41	31	33	55	15	33	39	38	48
金	36	16	23	23	34	45	4	37	16	40
土	56	53	45	18	39	48	32	52	33	44
日	41	47	26	35	39	58	44	36	30	43

次に，区間配列を最小値(=2)と最大値(=58)を考慮して次のように決めます．

区間
5.5
10.5
15.5
20.5
25.5
30.5
35.5
40.5
45.5
50.5
55.5
60.5

度数を計算する範囲を区間のとなりの列にとります．

度数の計算範囲をすべて選択してから図 6.6 のように FREQUENCY 関数を入力します．

区間	度数
5.5	=FREQUENCY(C3:L9,C12:C23)
10.5	
15.5	
20.5	
25.5	
30.5	
35.5	
40.5	
45.5	
50.5	
55.5	
60.5	

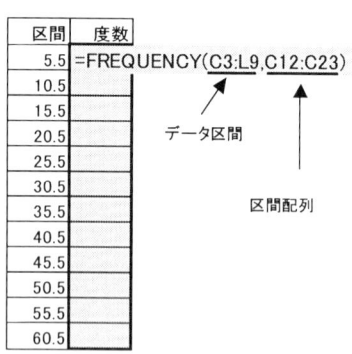

C3:L9 → データ区間
C12:C23 → 区間配列

図 6.6　FREQUENCY 関数の入力

最後に CTRL＋SHIFT＋ENTER を同時に押します．
（このように範囲を対象とした関数を配列関数といいます．）

6.2 使用した Excel 関数　　　151

その結果, 区間配列のすべての範囲に度数が計算されます.

表 6.3　FREQUENCY 関数の結果

区間	度数
5.5	3
10.5	1
15.5	2
20.5	4
25.5	6
30.5	11
35.5	8
40.5	15
45.5	8
50.5	5
55.5	5
60.5	2

(3) VLOOKUP 関数

VLOOKUP 関数は表の左端の列を検索して, 必要な値を参照する関数です. 関数の基本的な書式は,

　　　VLOOKUP(検索値, 範囲, 列番号)

です.

次のような年度別の来客数と販売数の表からある年度の来客数を見つける場合, 以下のように VLOOKUP 関数を使用します.

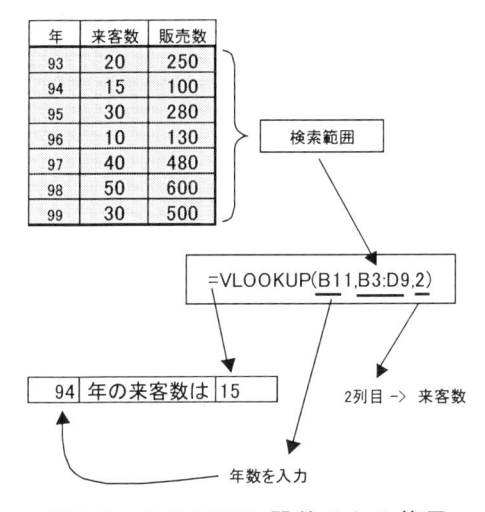

年	来客数	販売数
93	20	250
94	15	100
95	30	280
96	10	130
97	40	480
98	50	600
99	30	500

検索範囲

=VLOOKUP(B11,B3:D9,2)

94 年の来客数は 15

2列目 -> 来客数

年数を入力

図 6.7　VLOOKUP 関数のセル範囲

販売数を参照する場合は，列番号を 3 にします．

(4) MATCH 関数

MATCH 関数は，範囲内を検索して，一致する値のセル位置を調べます．基本的な書式は，

   MATCH(検査値, 検査範囲)

です．先ほどの販売数の表から，与えられた販売数と一致するセルの位置を調べるには図 6.8 のように MATCH 関数を使用します．

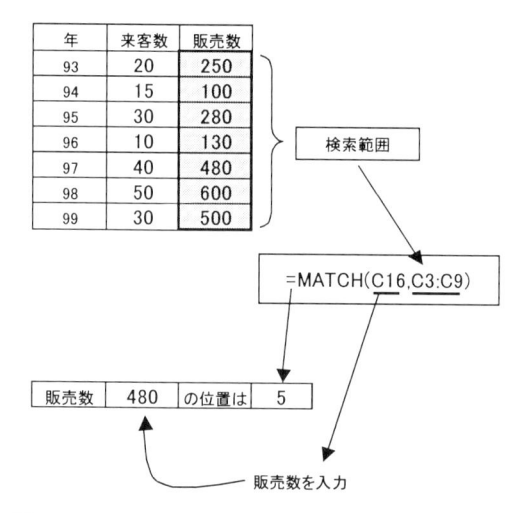

図 6.8 　 MATCH 関数のセル範囲

6.3 ソルバーの使用法

(1) ソルバーのインストール

ソルバーは通常のインストールではツールに組み込まれませんので,ツールのメニューから「アドイン」を選んで図 6.9 のようにメニューに加えます.

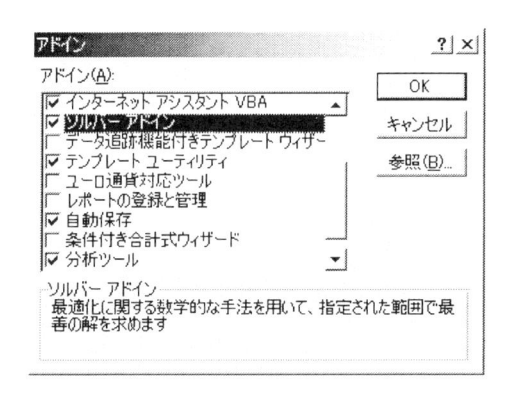

図 6.9 ソルバーの組み込み

(2) ソルバーのパラメータの設定

ソルバーのパラメータは図 2.5(再掲)のように設定しますが,その方法を第 2 章の例題1を用いて説明します.

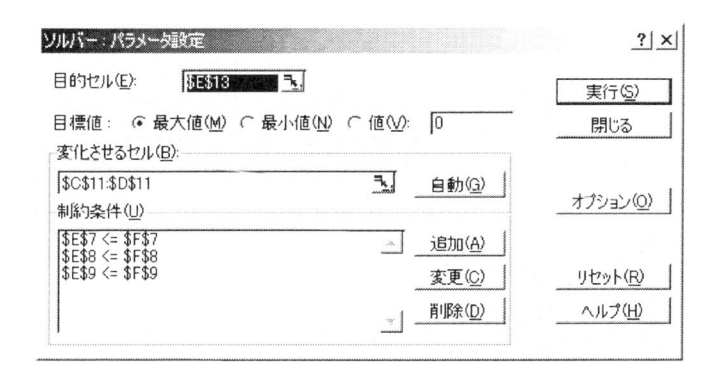

図 2.5 ソルバーの設定画面と結果画面(例題1) (再掲)

① 目的セル：利益の式が設定されいる E13 セルを選択します．

図 6.10 目的セルの設定

② 目標値：「最大値」をクリックします．（問題内容によって変えます．）
③ 制約条件：使用量のセルと制約条件のセルを「追加ボタン」で設定します．（問題内容によって不等号を変えます．）

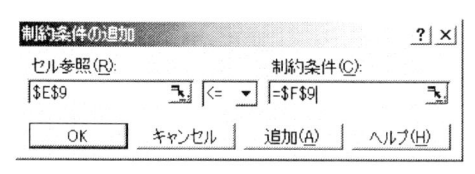

図 6.11 制約条件の設定

④ オプションボタン：「非負数を仮定する」をチェックします．（チェックしないと問題によっては収束しないで解が求まらない場合があります．）

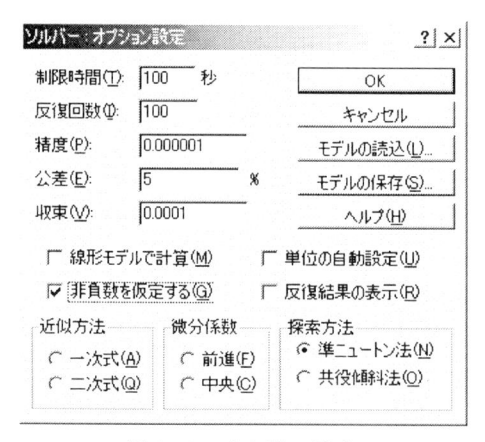

図 6.12 非負数の設定

6.4 モンテカルロ・シミュレーション

(1) モンテカルロ・シミュレーションとは

OR で企業経営に関する問題を数学的に扱う場合,取り上げる因子が多くて複雑なため数式で表すのが難しいケースや数式が得られたとしても,これを解くことが非常に困難であることが多くあります.このようなときに,数式を解くことなく,乱数を用いて近似的な解を求める方法をモンテカルロ・シミュレーションといいます.

モンテカルロは地中海に面したモナコ公国の都市で宮殿のようなカジノと F1 グランプリで有名です(映画好きのかたは亡くなったグレース王妃のこともおぼえていますね).このカジノの利益は,スロットマシーンやルーレットでたまたま大当りする人がいて一日一日の利益は損をしたり得をしたりばらつきがありますが,長い間でみると利益はだいたい一定になるのだそうです.そこで,モンテカルロにあるカジノにちなみ,乱数を用いたシミュレーションはモンテカルロ法と名付けられました.

モンテカルロ法の例　(円周率の推定)

円周率を求めるモンテカルロ・シミュレーションの有名な例を Excel でやってみましょう.

まず,図 6.9 のように紙に半径 r=1 の四分円を描きます(面積は $\pi r^2/4 = \pi/4$ ですね).次に 0〜1 のペアの乱数 x と y をこの紙の上に打点します.この作業を数多く繰り返し(N 回とします),四分円の中に入った数(n 回とします)を数えて比率(n/N)を求めれば,

$$\frac{n}{N} \fallingdotseq \frac{\pi}{4} \quad (6.5)$$

となるだろう,という考え方です.

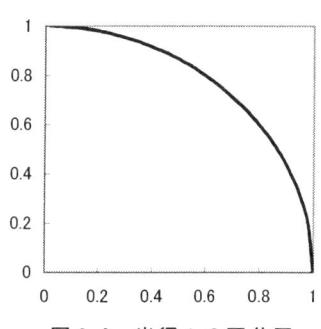

図 6.9　半径 1 の四分円

ほんとうにこうなるかを Excel で確かめてみましょう.

Excel の分析ツールからペアの 0〜1 の均一乱数(x,y)を 100 個発生させます.こ

の(x,y)が四分円に入っているかどうかをとなりの列で判定します.

つまり,円の式は $x^2 + y^2 = 1$ ですから,ペアの乱数 x,y の値を代入して,

$$x^2 + y^2 \leq 1 \tag{6.6}$$

となったら四分円の中と判定します.

Excel の場合は IF 関数で式(6.2)が成立したら→1, 成立しなかったら→0 としています. 乱数が 20 組までの場合を表 6.4 に示します.

表 6.4　20 組の乱数の判定結果

=IF(B4^2+C4^2<=1,1,0)

No	乱数		円内→1
	x座標	y座標	
1	0.474197	0.198218	1
2	0.572069	0.996033	0
3	0.038331	0.616688	1
4	0.321848	0.717399	1
5	0.003143	0.212592	1
6	0.432295	0.584063	1
7	0.131291	0.676962	1
8	0.393414	0.937132	0
9	0.466384	0.178167	1
10	0.301828	0.180425	1
11	0.21543	0.339885	1
12	0.05298	0.829432	1
13	0.727012	0.931333	0
14	0.39433	0.976257	0
15	0.221351	0.302042	1
16	0.746269	0.451888	1
17	0.428632	0.092135	1
18	0.196966	0.466964	1
19	0.791711	0.248787	1
20	0.577166	0.012146	1

100 組実施した場合, 四分円に入った回数は 80 回でした. これから比率 p は

$$p = 80/100 = 0.80$$

となります. これが 四分円の面積($\pi/4$)の推定値ですから,

$$\pi/4 \fallingdotseq 0.80$$

より, π は,

$$\pi \fallingdotseq 0.80*4 = 3.20$$

と求まります.

　乱数を 100 個, 1000 個, 10000 個と発生させたときの結果を表 6.5 に示します. 乱数の数が多くなるにつれて π が 3.14 に近くなっていますね.

表 6.5　乱数の個数による π の変化

乱数の数	$x^2+y^2 \leq 1$ の数	確率	推定値 (π)
100	80	0.800	3.200
1000	789	0.789	3.156
10000	7820	0.782	3.128

　これらを図示したのが図 6.10 です. 乱数の数によって四分円に点が集まっている様子がよくわかります. こんなシミュレーションも Excel で簡単にできますね.

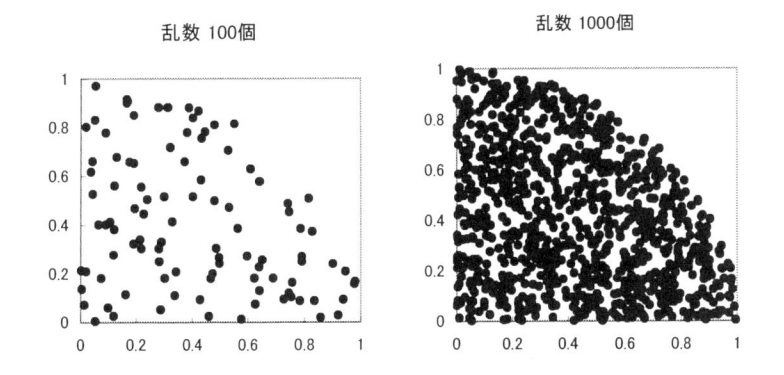

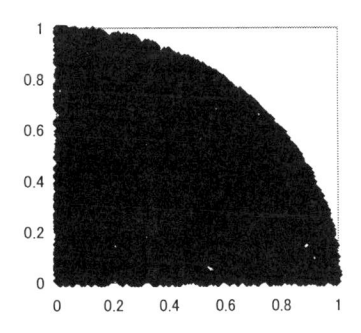

図 6.10　四分円に入る乱数

演習問題解答

第 2 章

問題 2.1

ソルバーを利用すると以下のような解が得られます.

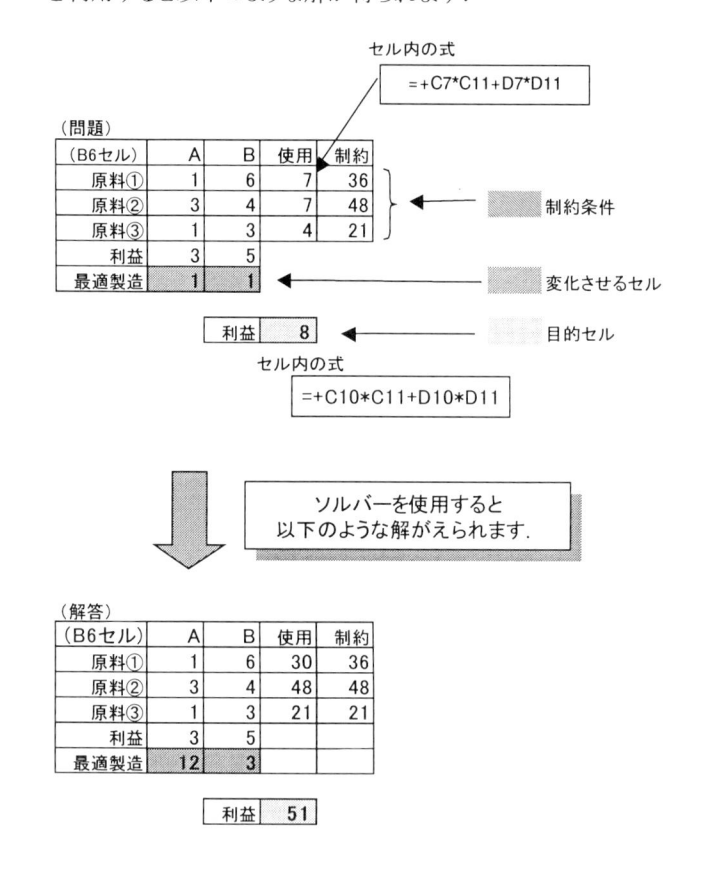

セル内の式
=+C7*C11+D7*D11

(問題)

(B6セル)	A	B	使用	制約
原料①	1	6	7	36
原料②	3	4	7	48
原料③	1	3	4	21
利益	3	5		
最適製造	1	1		

制約条件 ← 制約条件
変化させるセル
目的セル

利益	8

セル内の式
=+C10*C11+D10*D11

ソルバーを使用すると以下のような解がえられます.

(解答)

(B6セル)	A	B	使用	制約
原料①	1	6	30	36
原料②	3	4	48	48
原料③	1	3	21	21
利益	3	5		
最適製造	12	3		

利益	51

つまり, 利益を最大にする生産量は製品 A を 12kg, 製品 B を 3kg で, このときの利益は 51 万円となります.

図で表すと，解答：図1のようになります．

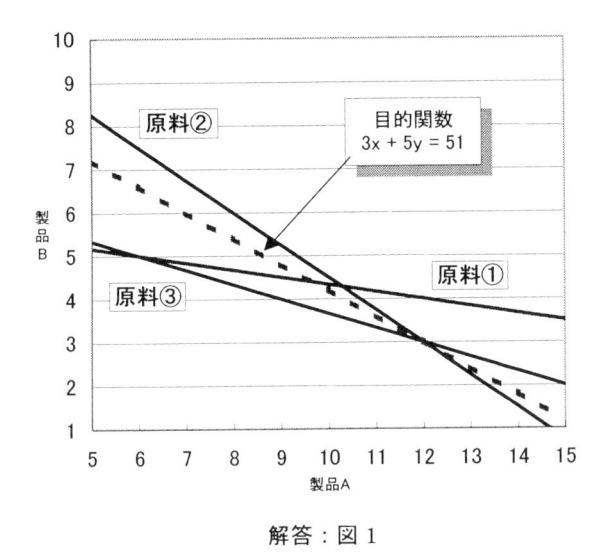

解答：図1

問題 2.2

この問題もソルバーを用いて解くことができます．ソルバーの結果を示します．

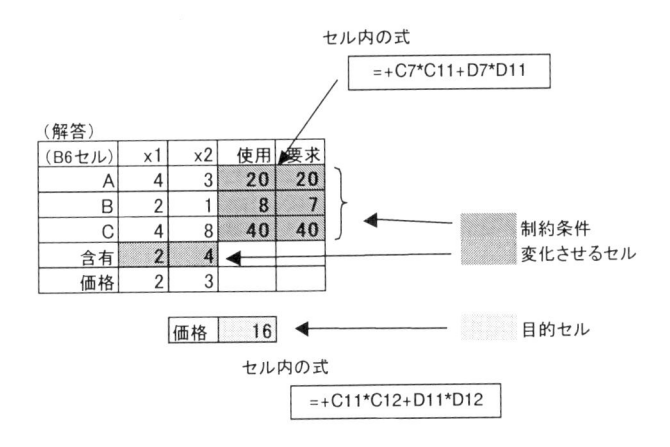

セル内の式
=+C7*C11+D7*D11

（解答）

(B6セル)	x1	x2	使用	要求
A	4	3	20	20
B	2	1	8	7
C	4	8	40	40
含有	2	4		
価格	2	3		

制約条件
変化させるセル

価格	16

目的セル

セル内の式
=+C11*C12+D11*D12

最も安く作るには，原料 X1 が 2kg，原料 X2 を 4kg 使用し，価格は 16 万円であることがわかりました．

この関係を図示してみます（解答：図 2）．

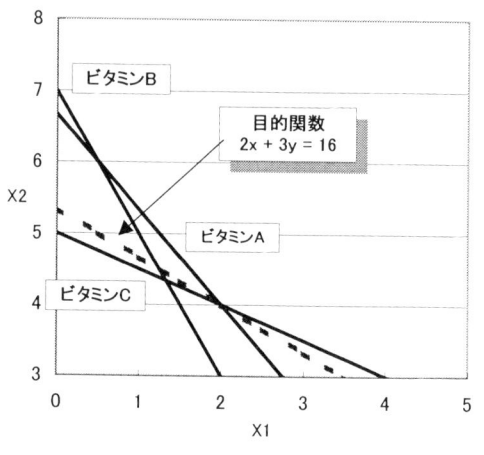

解答：図2

問題2.3

2.2節で使用したExcelのソルバーの条件表を少し修正すればそのまま適用できます．結果は以下のようになります．

(B6セル)	x1	x2	x3	x4	x5	x6	輸送量 (場所別)	制約条件
A	○	○	○	×	×	×	50	50
B	×	×	×	○	○	○	100	100
C1	○	×	×	○	×	×	25	25
C2	×	○	×	×	○	×	50	50
C3	×	×	○	×	×	○	75	75
輸送単価	3	5	4	6	2	8		
輸送量 (変数別)	0	0	50	25	50	25		
輸送費用	0	0	200	150	100	200	650	

セル内の式 =+C13+D13+E13

制約条件 (J7:J11)

変化させるセル (C13:H13)

目的セル (I14)

セル内の式 =SUM(C14:H14)

つまり，A工場からC1, C2へはともに0, C3へは50ロット, B工場からC1へは25ロット, C2へは50ロット, C3へは25ロット輸送するのが一番安価で輸送費は650万円となります．

第 3 章

問題 3.1

アローダイアグラムは解答：図 3 のように描けます．（クリティカルパスは太線で表示）

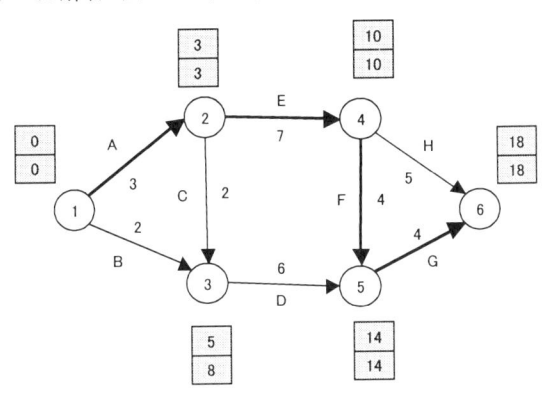

解答：図 3

3 つの PERT 計算表を示します（解答：表 1～3）．

解答：表 1　ET（最早結合点時刻）計算表

作業	NO	ET	i	j	位置	ES	tij	EF
A	1	3	1	2	0	0	3	3
B	2	5	1	3	0	0	2	2
C	3	5	2	3	1	3	2	5
E	4	10	2	4	1	3	7	10
D	5	14	3	5	3	5	6	11
F	6	14	4	5	4	10	4	14
H	7	18	4	6	4	10	5	15
G	8	18	5	6	6	14	4	18

解答：表 2　LF（最遅結合点時刻）計算表

作業	NO	LT	i	j	位置	LS	tij	LF
A	1	0	1	2	4	0	3	3
B	2	0	1	3	5	6	2	8
C	3	3	2	3	5	6	2	8
E	4	3	2	4	7	3	7	10
D	5	8	3	5	5	8	6	14
F	6	10	4	5	5	10	4	14
H	7	10	4	6	6	9	13	5	18
G	8	14	5	6	6	9	14	4	18
	9	18	6					

解答：表3　余裕時間計算表

作業	i	j	tij	ES	ES*	EF	LS	LF	TF	FF	
A	1	2	3	0	3	3	0	3	0	0	☆
B	1	3	2	0	5	2	6	8	6	3	
C	2	3	2	3	5	5	6	8	3	0	
E	2	4	7	3	10	10	3	10	0	0	☆
D	3	5	6	5	14	11	8	14	3	3	
F	4	5	4	10	14	14	10	14	0	0	☆
H	4	6	5	10	18	15	13	18	3	3	
G	5	6	4	14	18	18	14	18	0	0	☆
		6			18						

（☆印はクリティカルパスとなる作業）

問題 3.2

アローダイアグラムは解答：図4のように描けます．（クリティカルパスは太線で表示）

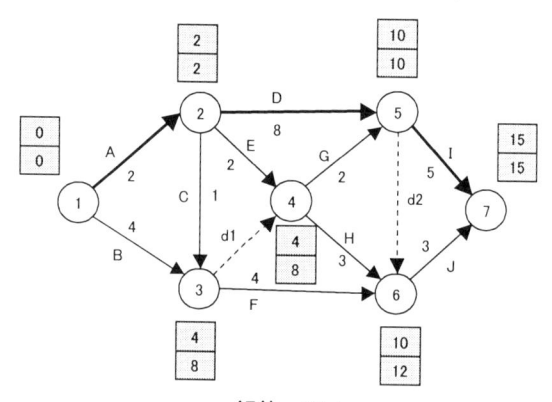

解答：図4

3つの PERT 計算表を示します（解答：表4〜6）．

解答：表4　ET（最早結合点時刻）計算表

作業	NO	ET	i	j	位置	ES	tij	EF
A	1	2	1	2	0	0	2	2
B	2	4	1	3	0	0	4	4
C	3	4	2	3	1	2	1	3
E	4	4	2	4	1	2	2	4
D	6	10	2	5	1	2	8	10
d1	5	4	3	4	3	4	0	4
F	8	10	3	6	3	4	4	8
G	7	10	4	5	5	4	2	6
H	9	10	4	6	5	4	3	7
d2	10	10	5	6	7	10	0	10
I	11	15	5	7	7	10	5	15
J	12	15	6	7	10	10	3	13

演習問題解答

解答：表5　LT（最遅結合点時刻）計算表

作業	NO	LT	i	j	位置	LS	tij	LF
A	1	0	1	2	5	0	2	2
B	2	0	1	3	7	4	4	8
C	3	2	2	3	7	7	1	8
E	4	2	2	4	9	6	2	8
D	5	2	2	5	11	2	8	10
d1	6	8	3	4	9	8	0	8
F	7	8	3	6	12	8	4	12
G	8	8	4	5	11	8	2	10
H	9	8	4	6	12	9	3	12
d2	10	10	5	6	12	12	0	12
I	11	10	5	7	13	10	5	15
J	12	12	6	7	13	12	3	15
	13	15	7					

解答：表6　余裕時間計算表

作業	i	j	tij	ES	ES*	EF	LS	LF	TF	FF	
A	1	2	2	0	2	2	0	2	0	0	☆
B	1	3	4	0	4	4	4	8	4	0	
C	2	3	1	2	4	3	7	8	5	1	
E	2	4	2	2	4	4	6	8	4	0	
D	2	5	8	2	10	10	2	10	0	0	☆
d1	3	4	0	4	4	4	8	8	4	0	
F	3	6	4	4	10	8	8	12	4	2	
G	4	5	2	4	10	6	8	10	4	4	
H	4	6	3	4	10	7	9	12	5	3	
d2	5	6	0	10	10	10	12	12	2	0	
I	5	7	5	10	15	15	10	15	0	0	☆
J	6	7	3	10	15	13	12	15	2	2	
					15						

（☆印はクリティカルパスとなる作業）

問題 3.3

アローダイアグラムは解答：図5のように描けます．（クリティカルパスは太線で表示）

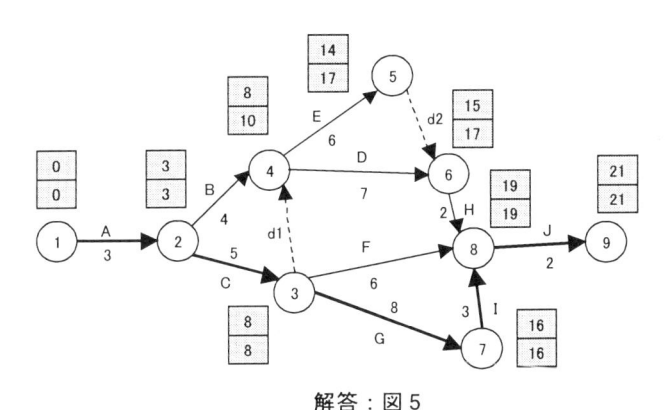

解答：図5

3つのPERT計算表を示します(解答:表7～9).

解答:表7　ET(最早結合点時刻)計算表

作業	NO	ET	i	j	位置	ES	tij	EF
A	1	3	1	2	0	0	3	3
C	2	8	2	3	1	3	5	8
B	3	8	2	4	1	3	4	7
d1	4	8	3	4	2	8	0	8
G	8	16	3	7	2	8	8	16
F	9	19	3	8	2	8	6	14
E	5	14	4	5	4	8	6	14
D	6	15	4	6	4	8	7	15
d2	7	15	5	6	5	14	0	14
H	10	19	6	8	7	15	2	17
I	11	19	7	8	8	16	3	19
J	12	21	8	9	11	19	2	21

解答:表8　LT(最遅結合点時刻)計算表

作業	NO	LT	i	j	位置	LS	tij	LF
A	1	0	1	2	3	0	3	3
C	2	3	2	3	6	3	5	8
B	3	3	2	4	8	6	4	10
d1	4	8	3	4	8	10	0	10
G	5	8	3	7	11	8	8	16
F	6	8	3	8	12	13	6	19
E	7	10	4	5	9	11	6	17
D	8	10	4	6	10	10	7	17
d2	9	17	5	6	10	17	0	17
H	10	17	6	8	12	17	2	19
I	11	16	7	8	12	16	3	19
J	12	19	8	9	13	19	2	21
	13	21	9					

解答:表9　余裕時間計算表

作業	i	j	tij	ES	ES*	EF	LS	LF	TF	FF	
A	1	2	3	0	3	3	0	3	0	0	☆
C	2	3	5	3	8	8	3	8	0	0	☆
B	2	4	4	3	8	7	6	10	3	1	
d1	3	4	0	8	8	8	10	10	2	0	
G	3	7	8	8	16	16	8	16	0	0	☆
F	3	8	6	8	19	14	13	19	5	5	
E	4	5	6	8	14	14	11	17	3	0	
D	4	6	7	8	15	15	10	17	2	0	
d2	5	6	0	14	15	14	17	17	3	1	
H	6	8	2	15	19	17	17	19	2	2	
I	7	8	3	16	19	19	16	19	0	0	☆
J	8	9	2	19	21	21	19	21	0	0	☆
	9			21							

(☆印はクリティカルパスとなる作業)

第 4 章

問題 4.1

20 回のシミュレーションの結果を解答：図6に示します．プラン 4 が良いのは変わりませんが，プラン2，プラン 3 と差があまりありません．3 つのプランは平均の変化には対応していますね．現状の方法は売上が少なく，損失も多いので使えませんね．

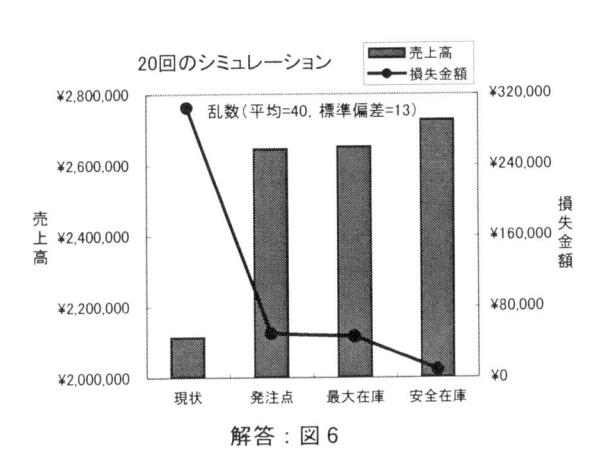

解答：図 6

問題 4.2

20 回のシミュレーションの結果を解答：図7に示します．この場合もプラン 4 の安全在庫を考慮した場合が売上高が多く，品切個数が少ない結果が得られました．しかし，売上高は少なくなっており，これらの 3 つのプランはばらつき(標準偏差)の変化には対応していないようですね．

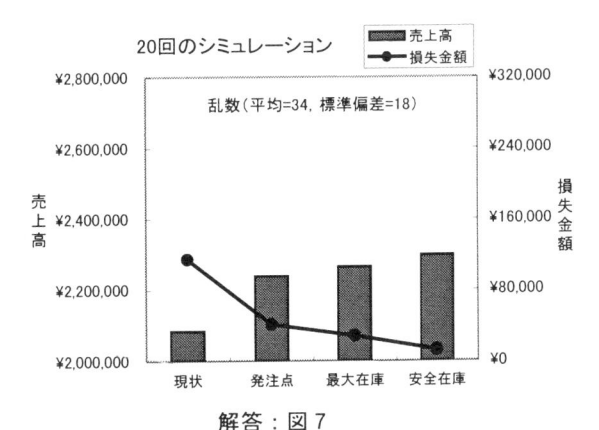

解答：図 7

第 5 章

問題 5.1

10 回のシミュレーションの結果(平均)を解答:表 10 にまとめます.

解答:表 10 タクシーと客の到着シミュレーション(10 回)

タクシー	平均到着時間間隔	2.05
	平均到着率	0.49
	平均待ち台数	16.4
	最大待ち台数	4.6
	待ち時間合計	219.7
	平均待ち時間	4.39
客	平均到着時間間隔	1.94
	平均到着率	0.53
	平均待ち台数	33.6
	最大待ち台数	8.8
	待ち時間合計	479.7
	平均待ち時間	9.59

問題 5.2

10 回のシミュレーションの結果(平均)を解答:表 11 にまとめます.客の到着人数が 30 人から 40 人に増えたので,タクシー乗り場には最大 16.9 人もの長い待ち行列ができていますね.

解答:表 11 タクシーと客の到着シミュレーション(10 回)

タクシー	平均到着時間間隔	2.05
	平均到着率	0.50
	平均待ち台数	4.1
	最大待ち台数	1.7
	待ち時間合計	71.4
	平均待ち時間	1.43
客	平均到着時間間隔	1.53
	平均到着率	0.66
	平均待ち人数	45.9
	最大待ち人数	16.9
	待ち時間合計	897.2
	平均待ち時間	17.94

演習問題解答   167

問題 5.3

食堂の窓口が2つの場合の 10 回のシミュレーションの結果(平均)です(解答:表12).

解答:表 12 食堂のシミュレーションの結果(10 回)

指標	窓口1	窓口2
平均到着時間間隔	0.61	0.52
平均到着率	1.79	2.07
平均待ち人数	9.0	16.8
待ち人数合計	41.3	105.0
最大待ち人数	7.0	11.8
待ち時間合計	46.5	145.0
平均待ち時間	3.68	8.03

問題 5.4

仕入部数を 8 部から 11 部まで検討したした結果を解答:表13 に示します. 9 部仕入れるのが一番利益が高いという結果になりました.

解答:表 13 新聞店のシミュレーション(1 回)

仕入れ	販売
80	120

仕入れ		11部		10部		9部		8部	
人数	日数	利益	100日	利益	100日	利益	100日	利益	100日
0	0	-880	0	-800	0	-720	0	-640	0
1	0	-760	0	-680	0	-600	0	-520	0
2	1	-640	-640	-560	-560	-480	-480	-400	-400
3	2	-520	-1040	-440	-880	-360	-720	-280	-560
4	1	-400	-400	-320	-320	-240	-240	-160	-160
5	5	-280	-1400	-200	-1000	-120	-600	-40	-200
6	10	-160	-1600	-80	-800	0	0	80	800
7	6	-40	-240	40	240	120	720	200	1200
8	7	80	560	160	1120	240	1680	320	2240
9	13	200	2600	280	3640	360	4680	320	4160
10	11	320	3520	400	4400	360	3960	320	3520
11	11	440	4840	400	4400	360	3960	320	3520
12	12	440	5280	400	4800	360	4320	320	3840
13	11	440	4840	400	4400	360	3960	320	3520
14	4	440	1760	400	1600	360	1440	320	1280
15	2	440	880	400	800	360	720	320	640
16	2	440	880	400	800	360	720	320	640
17	1	440	440	400	400	360	360	320	320
18	1	440	440	400	400	360	360	320	320
19	0	440	0	400	0	360	0	320	0
20	0	440	0	400	0	360	0	320	0
計	100		20720		23440		24840		24680

参 考 文 献

[1] 近藤次郎:『オペレーションズ・リサーチの手法』,日科技連出版社,1981
[2] 平井利明,横田雅利:『ORの基礎』,ムイスリ出版,1998
[3] 奥田和重:『経営科学入門』,ムイスリ出版,2001
[4] 森口繁一:『線形計画法入門』,日科技連出版社,1977
[5] 菅 民郎:『Excelで学ぶ統計解析入門』,オーム社,1999
[6] 河原 靖:『オペレーションズ・リサーチ入門』,共立出版,1994
[7] 森雅夫,森戸晋,鈴木久敏,山本芳嗣:『オペレーションズ・リサーチⅠ』,朝倉書店,1991
[8] 経営科学研究会編:『シミュレーション入門』,日刊工業新聞社,1967
[9] G.D.Eppen & F.J.Gould : *Introductory Management Science,* Prentice-Hall,Inc.,1984

索　引

ア
アローダイヤグラム　38
安全係数　89
安全在庫　89

イ
一定サービス　117
一定到着　117

キ
客（到着分布）　117

ク
クリティカルパス　54
ケンドールの記号　118

サ
在庫管理　76
最早開始時刻　48
最早結合点時刻　48,50
最早終了時刻　48
最遅開始時刻　48
最遅結合点時刻　48,51
最遅終了時刻　48
サービス分布　117

シ
指数サービス　118
指数分布　118,121
シミュレーション　120
自由余裕　53
シンプレックス法　4

セ
正規分布　142

ソ
制約条件式　4,5,7,17,19,25
線形計画法　4
先行作業　39
全余裕　53
ソルバー　13,17,23,26,153

タ
ダミー作業　40,42,44

テ
定期発注法　76,77
定量発注法　76,77

ト
到着分布　117

ハ
発注点法　76,77

ヒ
標準偏差　78,89
PERT　38

ヘ
平均到着時間間隔　119
平均到着率　119
平均サービス時間　120
平均サービス率　120

ホ
ポアソン到着　117
ポアソン分布　117,147

索引

マ

待ち行列の状態 …… 118
待ち行列理論 …… 116

モ

目的関数 …… 5,6,7,17,19,25

ラ

ランダム到着 …… 117

Excel 関数索引

AVERAGE 関数 …… 87,102
CEILING 関数 …… 102
FREQUENCY 関数 …… 125,138,149
IF 関数 …… 101,103,140,156
INT 関数 …… 107
LN 関数 …… 122
MATCH 関数 …… 57,61,66,69,152
MINVERSE 関数 …… 35

MMULT 関数 …… 35
NORMDIST 関数 …… 143
NORMSDIST 関数 …… 143
NORMSINV 関数 …… 146
POISSON 関数 …… 147
SQRT 関数 …… 105
STDEV 関数 …… 105
VLOOKUP 関数 …… 58,67,71,151

著者紹介

藤田勝康（ふじた　かつやす）

1952年　北海道生れ
1976年　武蔵工業大学経営工学科卒業
1978年　早稲田大学理工学研究科機械工学（工業経営）専攻修士課程修了
1978年　北海道工業大学経営工学科助手
現　在　北海道工業大学情報ネットワーク工学科助教授
著　書　『IEハンドブック』（共訳），日本能率協会，1994

ExcelによるOR演習
― あなたもできるシミュレーション ―

2002年 6月11日　第 1刷発行
2020年 2月20日　第13刷発行

検印省略

著　者　藤　田　勝　康
発行人　戸　羽　節　文
発行所　株式会社　日科技連出版社
〒151-0051　東京都渋谷区千駄ヶ谷5-15-5
DSビル
電話　出版　03-5379-1244
　　　営業　03-5379-1238

印刷・製本　河北印刷

Printed in Japan

© *Katsuyasu Fujita 2002*
ISBN 978-4-8171-5033-2
URL　http://www.juse-p.co.jp/